考虑建设、运营和应急的全周期云服务数据中心集群设计

耿 维　宋俊佑　王丝宇　祝天琪　著

西南交通大学出版社
·成都·

图书在版编目（CIP）数据

考虑建设、运营和应急的全周期云服务数据中心集群设计 / 耿维等著. -- 成都：西南交通大学出版社，2025.7. -- ISBN 978-7-5774-0521-6

Ⅰ. TP308

中国国家版本馆 CIP 数据核字第 20253NZ215 号

Kaolü Jianshe、Yunying he Yingji de Quanzhouqi Yunfuwu Shuju Zhongxin Jiqun Sheji

考虑建设、运营和应急的全周期云服务数据中心集群设计

耿　维　宋俊佑　王丝宇　祝天琪　著

策 划 编 辑	韩　林
责 任 编 辑	罗爱林
责 任 校 对	左凌涛
封 面 设 计	GT 工作室
出 版 发 行	西南交通大学出版社 （四川省成都市金牛区二环路北一段 111 号 西南交通大学创新大厦 21 楼）
营销部电话	028-87600564　028-87600533
邮 政 编 码	610031
网　　　址	https://www.xnjdcbs.com
印　　　刷	四川煤田地质制图印务有限责任公司
成 品 尺 寸	170 mm × 230 mm
印　　　张	11
字　　　数	151 千
版　　　次	2025 年 7 月第 1 版
印　　　次	2025 年 7 月第 1 次
书　　　号	ISBN 978-7-5774-0521-6
定　　　价	48.00 元

图书如有印装质量问题　本社负责退换
版权所有　盗版必究　举报电话：028-87600562

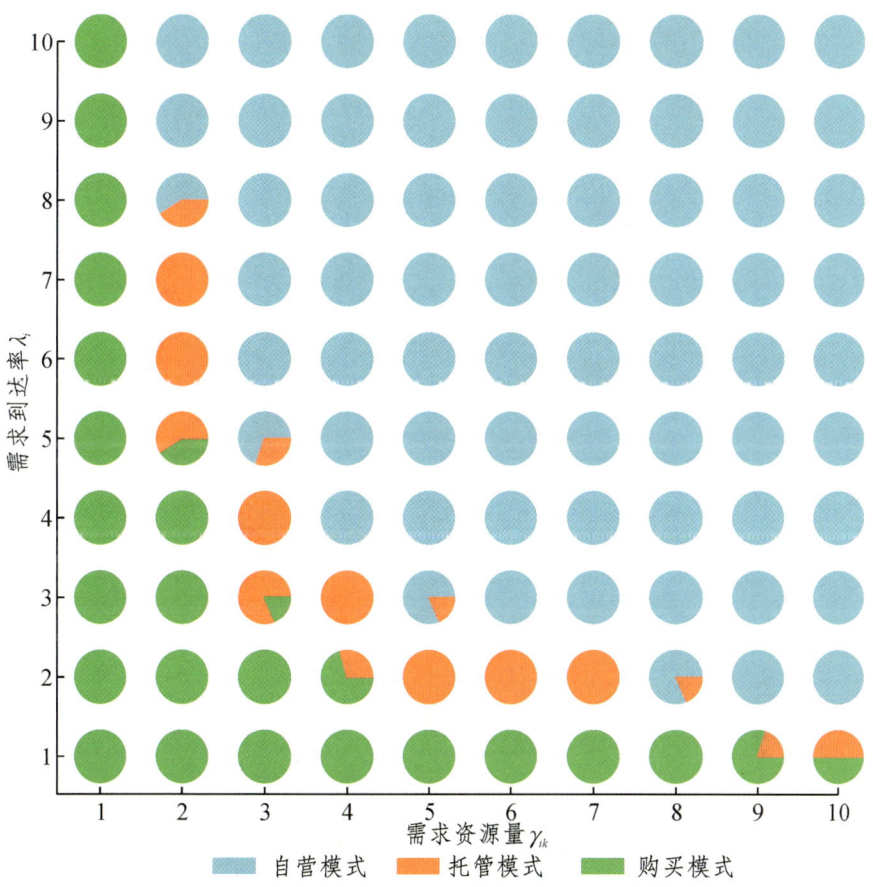

图 2.2 需求到达率和需求资源量变动时的最优服务模式

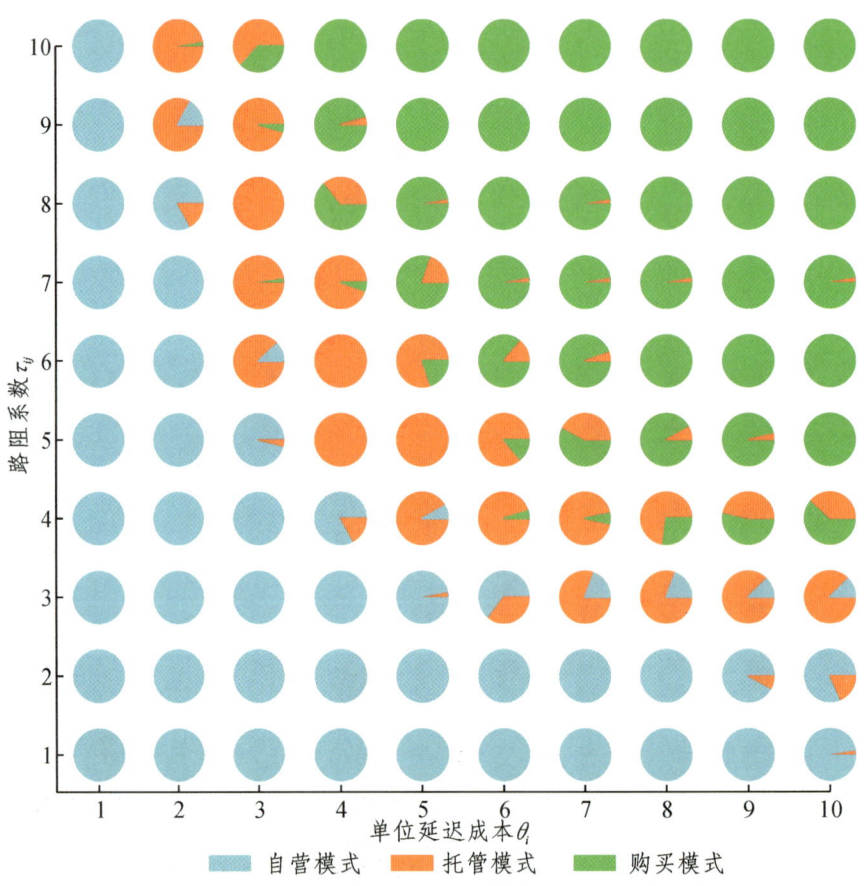

图 2.3 单位延迟成本和路阻系数变动时的最优模式

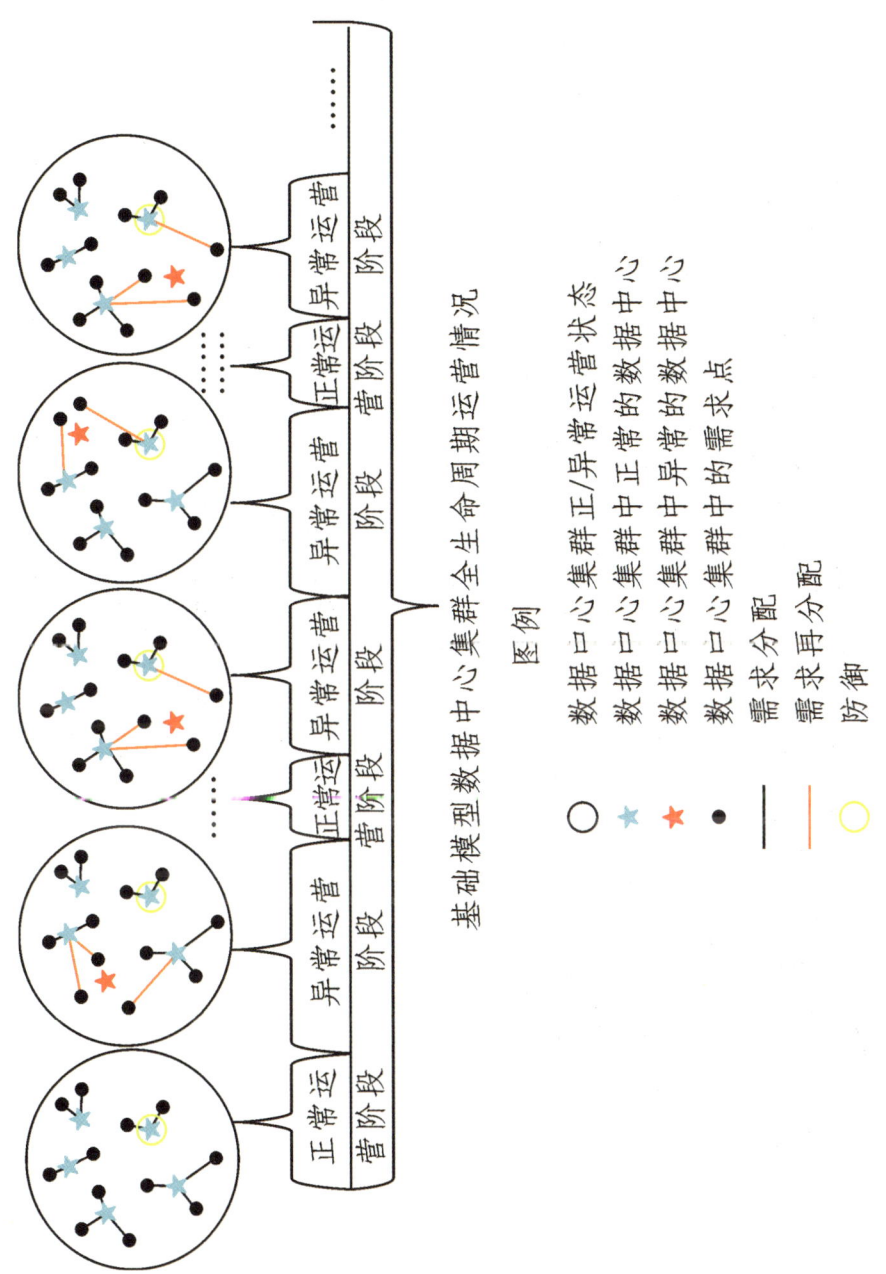

图 3.1 数据中心集群全生命周期运营情况

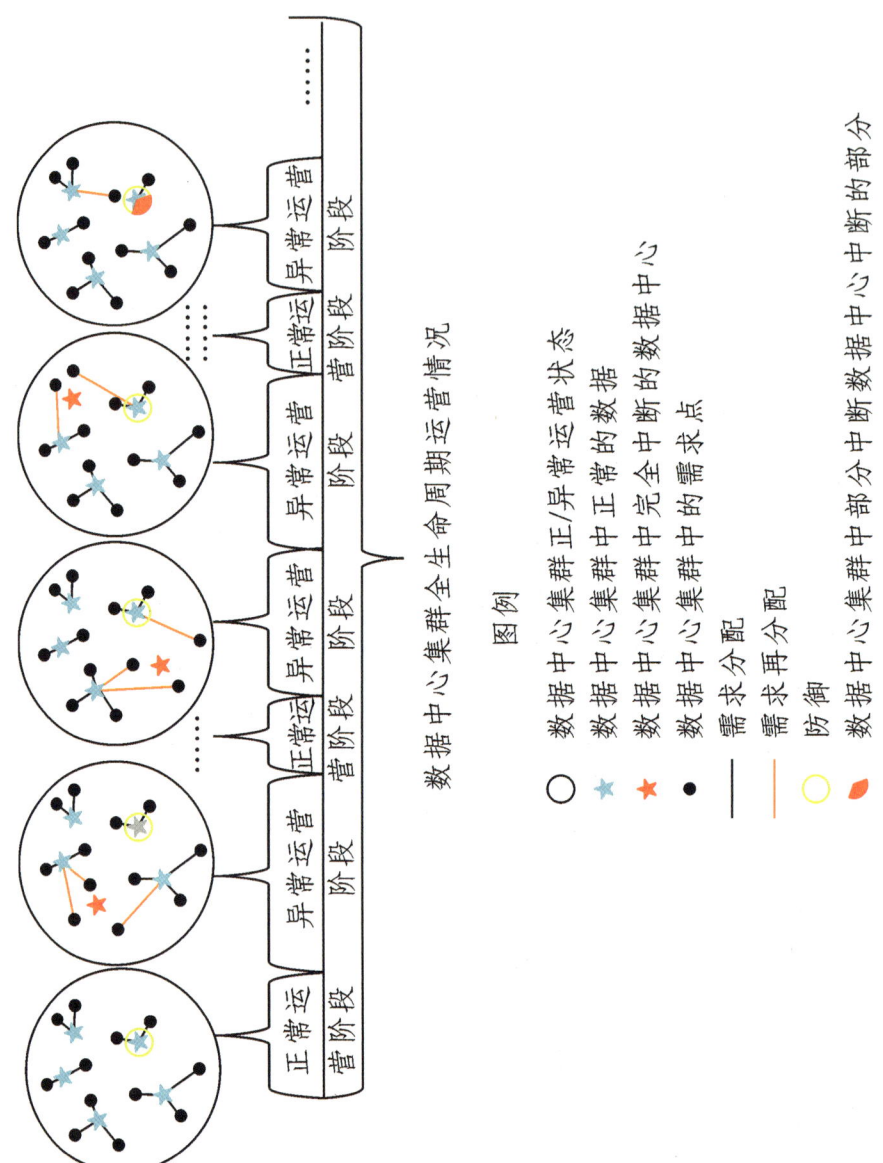

图 3.3 数据中心集群全生命周期运营情况

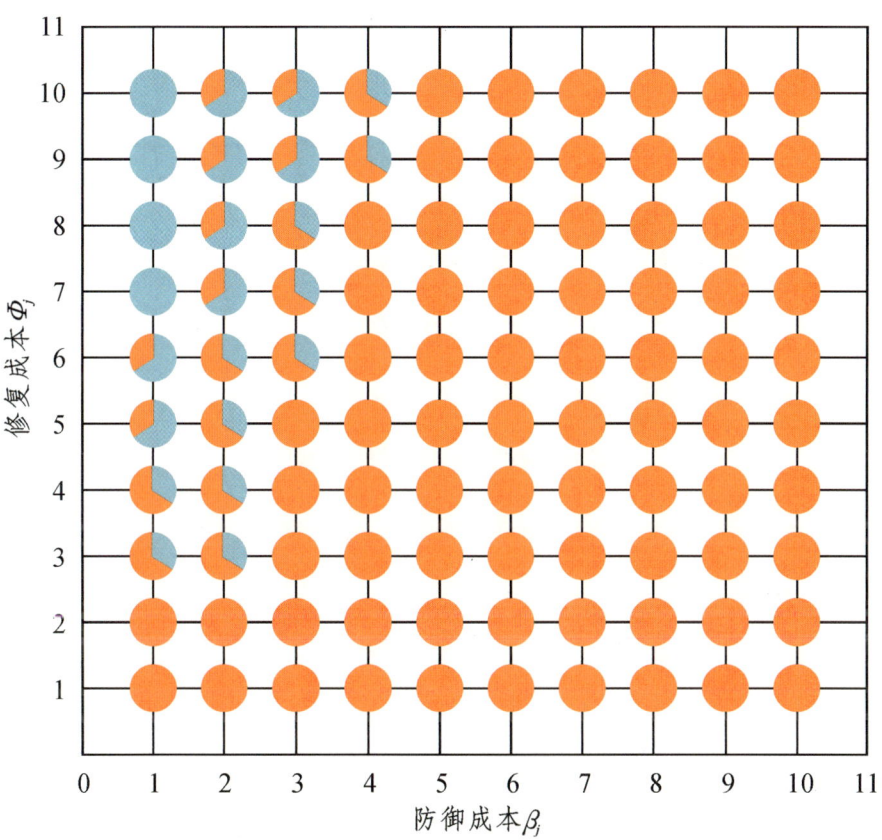

图 3.6 防御成本和中断修复成本对防御决策的影响

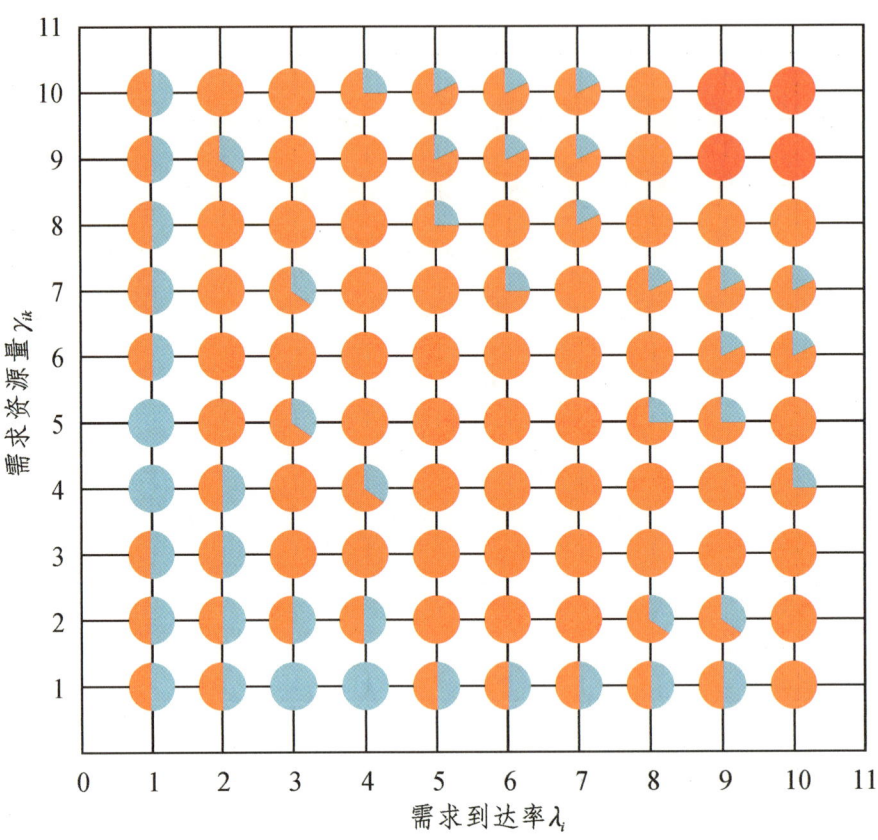

图 3.7 需求到达率和需求资源量对防御决策的影响

前 言
PREFACE

新兴信息技术的蓬勃发展催生了人民群众对云服务数据中心不断增长的需求。近几年来，人工智能的发展进一步地推升了相关需求。数字中国建设将这种重要的数字基础设施纳入其中。中共四川省委、四川省人民政府和成都市相应地做出部署、开展规划。

面向云服务数据中心集群建设，本书考虑其全生命周期肇始于建设选址、贯穿着运营管理、离不开应急响应，这3个方面都是不可或缺的。因此，从建设选址、运营管理和应急响应等3个方面切入相应的优化决策，开展既具有基础性又具有可应用性的设计研究。本书结合云服务产业实际，探索考虑建设选址、运营管理和应急响应的全生命周期云服务数据中心集群设计，开展应用性基础研究，尝试补足既有学术研究与产业实际进展之间的罅隙，力求得到具有创新性的结论。具体而言，本书关注企业或组织为构建云计算数据中心服务能力而可能采用的自建自营、委托代管和购买服务等3种可能的构建模式，解决了各模式中的优化决策，开展了跨模式比较；关注云计算数据中心集群全生命周期中所面临的中断风险，解决了针对性防御和应急响应等优化决策；关注云计算数据中心服务运营商企业的服务定价问题，解决了一种二部定价优化决策；结合真实场景给出了具体算例，展示了优化模型的场景应用。

本书内容来源于四川省自然科学基金项目"考虑建设、运营和应急的全周期云服务数据中心集群设计"（2022NSFSC0540）的研究成果。全书由耿维统稿。衷心感谢团队成员及所有合作者在项目研究中所做的学术创新和贡献。刘秉诚亦为本书做了工作，一并表达谢意。感谢西南交通大学出版社王建琼社长和韩林编辑为本书出版所给予的热情帮助、所付出的辛勤努力。

编　者

2024 年 9 月

目 录
CONTENTS

第1章 概 述 ··· 001

第2章 数据中心网络建设模式选择 ·· 020
    2.1 模型与问题 ·· 021
    2.2 基于贪婪规则的疏解-汇集算法 ·· 028
    2.3 模式选择与跨模式比较 ·· 040
    2.4 本章小结 ··· 057

第3章 考虑中断风险的数据中心集群选址优化 ······························ 059
    3.1 防御结果确定的双模中断问题 ·· 060
    3.2 防御结果不确定的多模中断问题 ·· 087
    3.3 本章小结 ··· 108

第4章 数据中心集群设计与服务定价优化 ···································· 111
    4.1 模型与问题 ·· 111
    4.2 问题求解 ··· 116
    4.3 本章小结 ··· 124

第5章 数据中心集群建设算例应用 ··· 126
    5.1 C企业数据中心网络建设算例 ·· 126
    5.2 成都市数据中心网络规划与全生命周期
         风险应对算例 ·· 135

参考文献 ··· 149

第 1 章 概 述

中共中央、国务院印发的《数字中国建设整体布局规划》指出，建设数字中国是数字时代推进中国式现代化的重要引擎，是构筑国家竞争新优势的有力支撑。加快数字中国建设，对全面建设社会主义现代化国家、全面推进中华民族伟大复兴具有重要意义和深远影响。夯实数字基础设施，是《数字中国建设整体布局规划》所明确的数字中国建设两大基础之一，包括系统优化算力基础设施布局，促进东西部算力高效互补和协同联动，引导通用数据中心、超算中心、智能计算中心、边缘数据中心等合理梯次布局等多项具体工作。

中共四川省委、四川省人民政府发布的《关于加快构建"5+1"现代产业体系推动工业高质量发展的意见》指出，要抢占数字经济发展制高点，要科学有序推进数据中心布局和绿色化改造。成都市发布的《成都市新型基础设施建设专项规划》，提出以"西部第一、国内领先"为发展目标，规划到 2035 年成都市数据中心容量占全国总量的 10%，约 60 万机架；在德阳、眉山、资阳布局 4 个超大型数据中心，整体规模达到 40 万机架，占地面积约 280 公顷；市域内新增布局 14 个大型数据中心，占地面积约 70 公顷。

国家和各级地方政府的战略与政策部署着眼于当今信息时代发展大势，以满足人民日益增长的美好生活需要为出发点和落脚点。正是人民日益增长的美好生活需要在日新月异的信息技术下推动了数字经济快速发展，催生了相关企业不断增长的对数据中心的需求。人工智能的发展进一步地改变了消费者行为和市场结构，促进了这种需求。据《云计算白皮书（2024）》报告，全球云计算市场规模在 2023 年已达 5 864 亿美元，年增速达 19.4%，且预计在生成式人工智能、大模型、算力的深度融合趋势下，市场将保持18.6%的年复合增长率；我国云计算市场规模达6 165亿元，年增速达35.5%，大幅高于全球增速，且预计到2027年该市场规模将超过2.1万亿元（中国信通院，2024）。

在如此庞大且快速增长的市场中，企业面临着如何构建数据中心云计算能力以满足自身需求的问题。纵观云服务数据中心集群的全生命周期，企业大致需要在建设选址、运营管理和应急响应等3个方面开展优化决策。

数据中心建设选址，在技术上按照相应设计规范主要考虑电力供给、环境温度及清洁度、电磁场干扰等（中华人民共和国住房和城乡建设部，中华人民共和国质量监督检验检疫总局，2017），在经济上主要考虑与土建、设备等有关的固定投资和长期摊销、折旧以及水电、网络通信等费用（Greenberg et al.，2009；罗萱等，2014）。相关研究沿袭自供应链管理中已比较成熟的选址问题（Daskin，2011；Snyder，2006；Current et al.，1998），但有别于传统的供应链仓库或配送中心选址问题。这些研究多以技术条件为约束，以经济成本为目标，建立优化模型并运用线性化近似、锥优化等数学规划工具和各种智能优化算法进行求解（Berman & Drezner，2007；Ahmadi Javid et al.，2018）。

云服务数据中心运营管理需要考虑数据中心内计算和存储等核心能力在云计算应用间共享，从而在核心单元处形成某种程度的阻塞或拥堵（Parekh & Gallager，1993；Cherkasova et al.，2007；Gulati et al.，2009）。这种拥堵使待处理的云服务需求形成队列，因此既有研究多从排队论视角建立模型并基于经典的排队论理论进行处理（Adiri & Avi Itzhak，1969；Baskett et al.，1975），并结合具体应用场景，针对需求到达、服务过程和队列规则等排队模型关键要素进行精细刻画，运用包括鲁棒优化等新兴工具在内的数学规划工具进行求解（Jung et al.，2014；Ahmadi-Javid & Ramshe，2020）。

关注云服务数据中心集群的全生命周期，还需要考虑供电不足、网络通信扰动、洪水火灾等意外或突发事件而可能导致的服务中断以及相应的应急响应（中华人民共和国住房和城乡建设部，中华人民共和国质量监督检验检疫总局，2017；Greenberg et al.，2009）。常见的应急手段包括冗余备份、强化防御、应急调度等多种。既有的关于应急响应的研究多结合其中一种或多种手段，考虑到对应的成本和所需要满足的服务水平，建立模型进行优化，从而得到事前的应急规划决策和事后的应急决策（Snyder & Daskin，2005；Cui et al.，2010；Ahmadi-Javid & Hoseinpour，2019；Hoseinpour，2021）。

最近若干年，学者们越来越多地跨越以上 3 个方面，开展融合式的研究。在建设选址中考虑应急响应已经较为成熟，Snyder & Daskin（2005）和 Cui et al.（2010）等都从事前规划的角度对数据中心集群建设选址开展了深入研究。将传统意义下处于战略层的建设选址和处于战术层的运营管理相结合的研究虽然较为少见，但近年来备受重视。柴天佑院士撰文指出，全流程全局优化是工业人工智能的发展方向（柴天佑，2020）。Liang et al.（2021）论证了在云服务数据中心集群设计这一具体场景中将建设选址和运营管理结合起来的重要意义，既考虑建设阶段的固定费用，又基于排队论考虑与运营有关的服务延迟成本，开创性地建立了整合后的混合整数规划模型，并在线性化近似后给出有效的算法，为后续工作提供了基本框架。这种整合式研究是具有基础性和前瞻性的，因为云服务数据中心集群的全生命周期肇始于建设选址、贯穿着运营管理、离不开应急响应，3 个方面都是不可或缺的。

本书结合云服务产业实际，围绕这一发展趋势，在 Liang et al.（2021）所提出基本框架的基础上进一步拓展，一方面考虑商业模式等的影响，另一方面将应急响应整合进来，综合考虑建设选址、运营管理和应急响应等 3 个方面，针对选址、能力配置、服务指派、事前防御、应急调度等重要决策，建立整合的云服务数据中心集群设计决策优化模型，得到前述各重要决策的高质量的整体方案，探索考虑建设选址、运营管理和应急响应的全生命周期云服务数据中心集群设计。本书将在后续 3 个章节中分别聚焦模式选择、应急响应和定价优化等专题开展研究。

随着云计算市场和相关技术不断发展演进，企业构建云服务数据中心能力的方式越来越丰富多样。这些不同方式主要在软硬件权属和运营维护权责等方面有所区别。总体而言，可归纳为 3 种不同方式：自建自营、托管服务器或购买云计算服务（Senyo et al.，2018；Amazon，2024）。采取自建自营模式时，企业在自有物业中建设数据中心，拥有对数据中心的全部产权，直接满足且仅用于满足自身云服务数据中心需求，且完全承担数据中心的运营维护工作。采取托管服务器模式时，企业自行构建云服务数据中心核心软硬件环境，但可将其托管于第三方数据中心机房，并向第三方运营商采购并外包相应的运营维护工作，实现某种程度上的产权和运营分离。采取购买云计算服务模式时，企业完全不拥有任何云服务数据中心软硬件环境，而只是向第三方云服务提供商采购云计算服务，仅在公有云中获取相对独立的一部分以满足自身需求。显然，企业为满足自身需求构建云服务数据中心能力时，可将降本增效作为牵引，根据自身独特的业务场景和需求，从这 3 种各具特色的基础模式中进行选择，实现绿色、低碳、集约、高效的数字基础设施构建或优化升级。针对这种模式选择的研究因而成为全生命周期云服务数据中心集群设计的核心研究内容之一。

遗憾的是，既有文献对此的探索尚不充分。Thakur et al.（2022）针对发表于 2011 年 1 月至 2022 年 5 月间的 105 个主流研究进行的系统性综述揭示了最近 10 余年中这种不充分的研究现状，并将模式选择问题列为尚待解决的未来研究方向之一。Rahimi et al.（2022）针对自 574 篇研究论文中挑选出的 32 个研究所进行综述同样提出，针对模式选择问题的研究尚不充分。

既有文献主要从候选模式、选择标准、选择方法等角度对模式选择问题开展了研究。

相关文献已经针对各候选模式广泛探讨了它们在管理和业务等诸多方面的不同特征。Iyoob et al.（2013）针对自建自营模式，凝练出其在选址规划、能力规划和负载平衡等多个方面的关键决策。Liang et al.（2021）主要针对自建自营模式，也兼顾可托管服务器的混合模式，运用排队论理论对云服务任务在数据中心内部的动态进行建模，构建了一种混合整数规划模型以解决数据中心网络设计问题。Hou et al.（2023）在此基础上进一步地拓展研究了一类边缘计算集群设计问题。Ramchand et al.（2017）针对自建自营和托管服务器两种模式间的比选，提出一种考虑到一系列决策标准的有效方法。Guo et al.（2017b）考虑一种与托管服务器模式相似的共置数据中心模式，针对运营商与客户之间的交互博弈，得到了相应的帕累托解。Dimitri（2020）针对 Amazon EC2 这一类型的基础设施即服务（infrastructure-as-a-service，IaaS）云平台，研究了包括两部定价且即用即付（pay-as-you-go，PAYG）等在内的 3 类定价机制，探讨了影响用户偏好的因素。Zhuang & Ghouchani（2021）筛选出 40 篇主流研究并针对购买云计算服务时的虚拟机设置算法进行了系统综述，梳理出为达成诸如能源效率、资源利用、负载平衡等云计算中重要绩效标准的多类方法。在这类文献基础上，本书将考虑前述 3 类模式，深入探讨云服务数据中心集群设计中与所有权属和运营维护责任相关的，包括数据中心选址、资源配置、需求指派等在内的决策，并构建优化模型和进行求解。

文献中所关注的最重要的云计算服务选择标准通常是服务质量（quality of service，QOS）。Mouratidis et al.（2013）聚焦安全和隐私等方面的服务质量提出了一种云服务选择框架。Wang et al.（2014）提出了一系列基于用户数据评估云计算服务质量的指标。Shirvani et al.（2018）针对构建信息基础设施时的模式选择问题，提出一种基于费用现值和安全风险以评估多云计算（multi-cloud）服务绩效的方法。在针对云计算服务选择相关文献进行综述后，Thakur et al.（2022）提出一种服务绩效评价指标体系，其中服务质量指标包括绩效表现、敏捷性、问责可信度、安全与隐私、可用性、质量保障和财务指标，并进一步指出大多数主流研究仅考虑上述 7 项指标中的部分指标，被考虑最频繁的 3 项指标是绩效表现、财务指标和质量保障。针对绩效表现这项指标，学界从技术视角和从商务视角来看的关注点是不同的（Senyo et al.，2018）。立足商务视角，最被频繁考虑到的一项指标是响应时间。Hosseinzadeh et al.（2020a）将响应时间定义为从发出请求至收到响应之间的延迟时长。Liang et al.（2021）针对云计算服务提出两类响应延迟，即数据中心内部的终端主机延迟和需求点与数据中心之间的网络架构延迟。财务指标则通常关注构建或获取云计算能力的成本绩效。Li et al.（2013）认为准确测算云计算相关成本费用将困难重重而难以完成，提出了一系列更容易被测算的替代性指标。Makhlouf(2020)基于交易成本理论分析了构建云计算能力的总成本，指出在此理论下各种云计算服务模式之间的差异仅仅体现为成本价格不同。质量保障指标与确保服务水平始终有关。Ardagna et al.（2015）指出，在关注安全研究的学术共同体中对云计算质量保障指标的认知是不断演化的，并在调研相关技术后提出了若干值得考虑的后续发展方向。Liu & Wang（2022）将质量保障视为服务质量的一个维度，检验了其对基于云计算的营销系统的用户使用倾向和用户满意度的积极影响。Gao & Meng（2022）强调了数据安全性对云计算用户满意度的显著影响。在这类文献基础上，本书将考虑绩效表现、财务指标和质量保障等3类服务质量，将它们转化为货币价值纳入模型。具体而言，将建模考虑包括初始投资额、持续运营成本、终端主机延迟和网络架构延迟所带来的响应时间成本、与质量保障有关的成本费用等在内的总成本。

文献中用以解决云计算服务模式选择问题的方法丰富多样。Li et al.（2013）针对如何评价云计算服务，提出了一种通用的概念框架并系统性地开展了文献综述。Rahimi et al.（2022）将文献中所采用的主要方法归纳为3类，即决策方法、元启发式方法、模糊方法。Sun et al.（2014）和 Thakur et al.（2022）分别在各自的研究综述中强调了运用最优化方法解决云计算服务模式选择问题的重要性。Shirvani（2020）和 Shirvani et al.（2022）运用层次分析法和德尔斐方法构建了在云迁移场景中基于多种定性特征来选择云计算服务的整体决策框架。Liu et al.（2024）最近在一项研究中针对云计算服务选择提出了一种新的基于群共识的决策方法。很多元启发式方法或混合方法已经被应用于解决云计算服务选择问题。Jula et al.（2015）提出一种将帝国竞争算法与分类器相结合的混合算法以解决从多种云计算服务中进行选择的问题。Jin et al.（2017）提出一种基于遗传算法的方法以解决制造业云服务选择问题。Hosseinzadeh et al.（2020b）针对云和边缘计算构建了一类服务组合与选择模型，提出一种带有人工神经网络增强的粒子群算法进行求解。除了前述各种元启发式方法外，既有研究也已经运用了多种优化方法。Chaisiri et al.（2009）针对云计算资源配置问题提出一类随机整数规划模型并得到其确定性等价问题。Martens & Teuteberg（2012）考虑云计算服务选择中的成本和风险因素构建了优化模型并运用一种商业求解器求解。Liang et al.（2021）针对云计算服务网络设计，考虑多种运营场景，构建了一类混合整数非线性规划模型并提出有效算法求解其等价问题。本书主要参考 Liang et al.（2021）的模型和算法，结合一种改进的启发式机制，以解决企业构建云计算服务能力时的模式选择问题。

表 1.1 汇总展示了若干与模式选择相关的代表性文献，并与本书有关章节进行了比较。

表 1.1 模式选择相关文献小结

文献	模式†			指标‡			方法	研究主题
	自建	托管	购买	绩效	财务	保障		
Martens & Teuteberg（2012）					√	√	层次分析法	构建决策模型以支持多源场景中的云计算服务选择
Gao & Meng（2022）					√	√	结构方程模型	面向基于云的服务开展客户满意度分析以支持云计算服务选择

续表

文献	模式†			指标‡			方法	研究主题
	自建	托管	购买	绩效	财务	保障		
Makhlouf（2020）	√	√		√	√	√	定性分析	借助全面产业分析以运用交易成本理论于云计算服务选择
Liu et al.（2024）			√	√	√	√	群共识决策	运用一种基于知识缺失模型的多准则群共识决策方法
Heilig et al.（2020）			√		√		优化	考虑特定用户和特定应用任务的同时最小化成本
Hou et al.（2023）	√				√		优化	构建端到端的计算框架以优化设计边缘计算系统
Shirvani et al.（2018）	√		√	√	√	√	优化	对在多云环境中自建自营和购买服务两种模式的投入进行比较
Liang et al.（2021）	√	√			√		优化	数据中心网络优化以最小化包括运营和延迟惩罚在内的总成本
本书	√	√	√	√	√	√	优化	构建云计算服务能力时的最优产权归属与运营维护模式选择

注：†自建、托管、购买分别指自建自营、托管服务器和购买云计算服务等3类模式；

‡绩效、财务、保障分别指绩效表现、财务指标和质量保障等3类服务质量指标。

第 1 章 概　述

国务院在《"十四五"数字经济发展规划》中提出了数字经济安全。该规划明确指出，要加强关键信息基础设施网络安全防护能力、提升网络安全应急处置能力，确保重要系统和设施安全有序运行。华为公司联合中国信通院云大所、敦煌研究院等 20 多家单位和产业伙伴，于 2021 年共同发布了《数据保护产业发展圆桌宣言》，指出业务停机损失逐年递增、对于业务访问连续性要求越来越高，需要逐步扩大容灾覆盖的业务范围并提升容灾建设等级标准。在企业构建自身云服务数据中心能力时，需要面向业务访问连续性这一实际需要，在选址、资源配置、需求与服务间指派等决策外，增加考虑面临具有不确定性的中断风险时的防御和应急响应等决策。

在经典的设施选址问题基础上考虑各种不确定因素的影响，尤其是聚焦各种应急管理场景的研究由来已久。闫森和齐金平（2022）采用模糊数刻画需求不确定性，研究了相应的多级应急物流设施选址问题。Cheng et al.（2021）研究了需求和设施损毁等都具有不确定性时的设施选址问题。Maliki et al.（2022）研究了配送中心面临中断风险时可移动设施的多阶段选址问题，优化了其中设施的位置和开放、转移、关闭以及客户需求分配等决策。于冬梅等（2018）综合考虑时效性、经济性和服务能力有限等决策影响因素，针对应急设施构建了时间满意度最大化的选址-分配优化模型。孙华丽等（2020）以最大化伤员存活率和最小化应激创伤为目标，研究了震后医疗设施选址-伤员转运问题。Han et al.（2021）面向农作物收割期间农业机械故障的快速维修，研究了农业机械维护服务网络选址问题。项寅和王雪（2020）研究了核生化攻防博弈情境中的应急设施选址及物资分配问题。

本书在这些研究基础上，聚焦云计算服务数据中心的中断风险，研究全生命周期中数据中心集群设计问题。以下将从考虑何种风险源、研究何种设施选址、采取何种风险应对措施、如何建模刻画中断风险、如何求解等多个方面综述既有的相关文献。

就设施中断风险来源而言，既有文献主要考虑了自然灾害、恶意攻击和系统内部故障等 3 种。其中，前两种风险源均位于系统外部，而第三种风险源则位于内部。在各类自然灾害中，地震受到较多关注（郑斌等，2017；周愉峰等，2020；龚英等，2023），也有研究关注山体滑坡（赵佳佳等，2022）和其他自然灾害（周浩和周建勤，2021；曲冲冲等，2021）。在各类恶意攻击中，网络阻断攻击受到最多关注（例如，Akbari-Jafarabadi et al.，2017；Sadeghi et al.，2017；Ghaffarinasab & Atayi，2018；Ghaffarinasab & Motallebzade，2018；Lei et al.，2018；Roboredo et al.，2019），恐怖袭击也受到较多关注（宋艳和滕辰妹，2019；Xiang & Wei，2020），还有一些研究关注了较为宽泛的一般外部风险来源（马祖军和周愉峰，2015；于冬梅等，2018；Ahmadi Javid & Hoseinpour，2019）。

就设施种类而言，既有文献首先考虑了普通设施，即主要提供非应急状态下正常服务的设施。受到关注的普通设施既包括城市基础设施（宋艳和滕辰妹，2019）、物流分销设施（马祖军和周愉峰，2015；原丕业等，2017；周浩和周建勤，2021）、医疗设施（Zarrinpoor et al.，2018）、水利供应设施（Jiang & Liu，2018）等具体情境的特殊设施，也包括较为宽泛的一般性通用设施（例如，Akbari-Jafarabadi et al.，2017；Sadeghi et al.，2017；Ghaffarinasab & Atayi，2018；Ghaffarinasab & Motallebzade，2018；Lei et al.，2018；Ahmadi-Javid & Hoseinpour，2019；Roboredo et al.，2019；于冬梅等，2019）。既有文献还关注了各类应急设施，即面向前述各种风险源和中断因素、考虑在灾后可能遭遇不同程度损毁、主要提供应急状态下非正常服务的设施，如郑斌等（2017）、于冬梅等（2018，2020a）、周愉峰等（2020）、Xiang et al.（2021）、曲冲冲等（2021）、赵佳佳等（2022）、龚英等（2023）。

就风险应对措施而言，既有文献考虑了包括防御加固服务设施、改建新建服务设施、修复服务设施、备份与多级备份、外包需求、消极不应对等多种情境。针对防御加固这一措施，于冬梅等（2020a）和 Cheng et al.（2021）等假设一旦采取措施则得到防御加固的服务措施一定不发生中断事故，马祖军和周愉峰（2015）假设服务设施即使得到防御也可能中断失效，并考虑了风险源所带来中断风险随距离增加而衰减和建设成本随防御加固效果提升而增加；既有文献还考虑了多级攻防博弈模型，即敌我双方博弈、敌方优化决策攻击点或攻击范围意图使我方损失最大、我方优化决策设施选址和防御点或防御范围以最小化包括建设成本和遭受攻击后可能所遭受损失在内的综合成本（Mahmoodjanloo et al., 2016；Akbari-Jafarabadi et al., 2017；Ghaffarinasab & Atayi, 2018；Jiang & Liu, 2018；Roboredo et al., 2019；Xiang et al., 2020）。针对改建新建这一措施，Faiz & Noor E. Alam（2019）在一个多阶段框架中研究了在后续阶段改建扩容既有数据中心或新建数据中心以满足新需求的问题。Ahmadi-Javid et al.（2018）和 Ahmadi-Javid & Hoseinpour（2019）针对修复这一措施，面向服务设施集群中单一设施的中断风险，研究了中断后的设施修复以及修复期间相应的继续服务场景。针对备份与多级备份这一措施，丁冬梅等（2020a）和周愉峰等（2020）在研究应急服务设施选址设计时，考虑到设施的中断风险，为每个需求点额外安排了作为备份的应急服务设施以确保服务的可得性；Wang et al.（2018）将一部分设施指定为备份设施且假设它们是可靠的、不发生中断风险，进而刻画需求再分配成本，研究了相应的设施选址问题；Ahmadi-Javid et al.（2018）针对通用性服务设施，面向需求到达和服务时间的随机性以及随之而来的客户在服务设施处可能的阻塞，考虑设施发生中断事故时客户转向其他仍可正常使用的"备份"设施的自主流动，研究了设施选址和能力规划问题。此外，周娜等（2014）、于冬梅等（2018）、宋艳等（2019）基于一种标号策略研究了应对设施中断风险的多级备份措施。针对需求外包这一措施，Aksen et al.（2014）和 Akbari-Jafarabadi et al.（2017）等研究了由于服务设施容量不足或满足需求已不经济等原因所驱动的外包策略设计。针对消极不应对这一措施或无法应对的情形，既有研究多将未获满足需求所对应的惩罚成本考虑进来（例如，马祖军和周愉峰，2015；原丕业等，2017；于冬梅等，2020b；曲冲冲等，2021；周浩和周建勤，2021；Cheng et al., 2021）。

就建模刻画中断风险而言，既有文献主要考虑了设施依一定外生概率发生中断和设施在敌我攻防博弈中受到内生决策影响发生中断两类不同情境。针对设施依外生概率发生中断时所导致的各项成本，Snyder & Daskin（2005）假设所有设施的中断概率相等进而将期望运输成本建构为一个线性成本项；马祖军和周愉峰（2015）、原不业等（2017）考虑风险源的类型、规模、距离远近等影响因素建构了异质的设施中断风险模型，仍通过线性的期望惩罚成本项进行建模刻画；周娜等（2014）、于冬梅等（2018）、宋艳等（2019）则在多级备份等场景中构建了非线性成本模型。特别的，针对灾后应急救援等灾备预置具体问题，即在灾难发生前预先把应急救援物资安置在应急点以便灾后有效地实施救济分配的优化问题（Grass & Fischer, 2016; Sanci & Daskin, 2021），Moreno et al.（2018）考虑一种"剥夺成本"以建模刻画受灾后人们因应急处置不力而处于物资匮乏阶段的持续时长，Paul & Macdonald（2016）考虑了受灾后人们的伤亡等级并相应地计入成本进行建模。针对设施依外生概率发生中断时的场景构建，一种方式是将设施分为不可靠和可靠两类并假设不可靠设施将依一定概率发生中断而可靠设施则可作为相应的备选，Ahmadi-Javid & Hoseinpour（2018）、Wang et al.（2018）、于冬梅等（2020a）、周愉峰等（2020）等均考虑了这种建模方式；另一种方式是枚举所有可能的设施中断情景或采样其中的一部分再运用统计方法进行构建。例如，周浩和周建勤（2021）等枚举物流节点设施的潜在中断情景以构建期望运输成本，Lei et al.（2018）和 Zarrinpoor et al.（2018）刻画多种设施中断或潜在中断情景并赋以外生概率以刻画中断的不确定性。与前述考虑设施依外生概率发生中断的研究不同，在敌我攻防博弈设施规划问题中，设施中断受到敌方攻击和我方防御等决策影响，既有文献常常基于所谓最坏情形，即考虑受到敌方攻击后受损最严重的情景，建模分析我方的设施规划与防御决策（Mahmoodjanloo et al., 2016; Akbari Jafarabadi et al., 2017; Ghaffarinasab & Atayi, 2018; Jiang & Liu, 2018; Roboredo et al., 2019; Xiang & Wei, 2020）。

就如何求解而言,既有文献主要运用了精确算法和近似算法两类方法。运用精确算法求解的相关文献往往聚焦小规模问题,常见的方法包括使用各类商用运筹优化求解器、分支定界、列生成、Benders分解等。Salmerón & Apte(2010)、Paul & Zhang(2019)、龚英等(2023)等使用了Cplex,而Lei et al.(2018)使用了Gurobi。Laporte & Louveaux(1993)和Angulo et al.(2016)等开发了一种整数L型方法。Sanci & Daskin(2021)提出一种改进的分支定界算法,使运算时间只随着情景数量增加而线性增加。Xiang & Wei(2020)将分支定界算法与顶点枚举方法结合起来求解攻防博弈问题。Ghaffarinasab & Atayi(2018)采用隐枚举法求解了双层攻防博弈问题。Cheng et al.(2021)将列生成算法与一种顶点枚举算法相结合,以精确求解面临不确定需求和设施中断风险的鲁棒固定费用选址问题。Zarrinpoor et al.(2018)使用多种加速方法增强Benders分解算法,以解决卫生服务网络可靠性设计规划问题。针对大规模问题或在重构模型以将非线性函数关系线性化等方面确有困难的问题,精确算法往往由于计算遭遇维数灾难或难以实现,相关文献普遍采用元启发式算法。常见的方法包括遗传算法、禁忌搜索算法、模拟退火算法、拉格朗日松弛算法等。遗传算法是求解相关问题的一种常用方法(原丕业等,2017;周愉峰等,2020),其中马祖军和周愉峰(2015)针对需求指派决策设计了相应的编码方式;郑斌等(2017)基于所构建模型的主从递阶决策结构特征设计了不同阶段解码的混合遗传算法;姜大立和张巍(2018)针对军事物流战时调度优化问题设计了具有自修复性的混合编码遗传算法,特别是设计了劣解修复策略对所生成新种群中的所有染色体完成基因修复,以解决大量劣解拖慢算法效率的问题。面向考虑设施中断风险的多目标优化设施选址问题,文献中往往采用快速非支配排序遗传算法即NSGA-II算法(宋艳等,2019;于冬梅等,2020a;赵佳佳等,2022)。Ghaffarinasab & Motallebzadeh(2018)采用模拟退火算法进行求解。Ahmadi-Javid & Hoseinpour(2019)针对需求分配约束、Liang et al.(2021)针对数据中心资源约束,采用拉格朗日松弛算法进行求解，都采用次梯度下降方法不断地更新拉格朗日乘子，从而使上下界最优间隙达到预设标准。Alem et al.（2016）设计了两阶段启发式算法，第一阶段将一个简化问题线性化并确定部分变量的值，第二阶段在此基础上求解原问题。Moreno et al.（2018）在该项研究基础上拓展设计了固定-优化启发式规则和混合启发式规则。Balcik & Beamon（2008）、Mete & Zabinsky（2010）、Rawls & Turnquist（2010）等针对灾后应急设施网络所面临的不确定性和灾后需求的不确定性也提出相应的两阶段随机优化模型和算法。

表 1.2 汇总展示了与本书所讨论的考虑中断风险的数据中心集群选址优化问题有关的代表性文献。

表 1.2 考虑中断风险的设施选址与应急响应相关文献小结

关注因素		代表性文献
风险来源	自然灾害	郑斌等（2017）、周愉峰等（2020）、周浩和周建勤（2021）、曲冲冲等（2021）、赵佳佳等（2022）、龚英等（2023）
	恶意攻击	Akbari-Jafarabadi et al.（2017）、Sadeghi et al.（2017）、Ghaffarinasab & Atayi（2018）、Ghaffarinasab & Motallebzade（2018）、Lei et al.（2018）、Roboredo et al.（2019）、宋艳和滕辰妹（2019）、Xiang & Wei（2020）
设施种类	应急设施	郑斌等（2017）、于冬梅等（2018，2020a）、周愉峰等（2020）、Xiang et al.（2021）、曲冲冲等（2021）、赵佳佳等（2022）、龚英等（2023）
	一般设施	马祖军和周愉峰（2015）、原丕业等（2017）、Akbari Jafarabadi et al.（2017）、Sadeghi et al.（2017）、Ghaffarinasab & Atayi（2018）、Ghaffarinasab & Motallebzade（2018）、Jiang & Liu（2018）、Lei et al.（2018）、Zarrinpoor et al.（2018）、宋艳和滕辰妹（2019）、于冬梅等（2019）、Ahmadi Javid & Hoseinpour（2019）、Roboredo et al.（2019）、周浩和周建勤（2021）

续表

关注因素		代表性文献
应对策略	防御加固	马祖军和周愉峰（2015）、Mahmoodjanloo et al.（2016）、Akbari Jafarabadi et al.（2017）、Ghaffarinasab & Atayi（2018）、Jiang & Liu（2018）、Roboredo et al.（2019）、于冬梅等（2020a）、Xiang et al.（2020）、Cheng et al.（2021）
	改建新建	Faiz & Noor E. Alam（2019）
	修复	Ahmadi Javid et al.（2018）、Ahmadi Javid & Hoseinpour（2019）
	备份与多级备份	周娜等（2014）、于冬梅等（2018）、Ahmadi Javid et al.（2018）、Wang et al.（2018）、宋艳等（2019）、于冬梅等（2020a）、周愉峰等（2020）
	外包需求	Aksen et al.（2014）、Akbari jafarabadi et al.（2017）
	消极或无法应对	马祖军和周愉峰（2015）、原丕业等（2017）、于冬梅等（2020b）、曲冲冲等（2021）、周浩和周建勤（2021）、Cheng et al.（2021）
建模刻画	外生概率 线性	Snyder & Daskin（2005）、马祖军和周愉峰（2015）、原丕业等（2017）
	外生概率 非线性	周娜等（2014）、于冬梅等（2018）、宋艳等（2019）
	外生概率 基于情景	Ahmadi Javid & Hoseinpour（2018）、Lei et al.（2018）、Wang et al.（2018）、Zarrinpoor et al.（2018）、于冬梅等（2020a）、周愉峰等（2020）、周浩和周建勤（2021）
	内生攻击	Mahmoodjanloo et al.（2016）、Akbari Jafarabadi et al.（2017）、Ghaffarinasab & Atayi（2018）、Jiang & Liu（2018）、Roboredo et al.（2019）、Xiang & Wei（2020）

续表

关注因素		代表性文献
算法求解	精确算法	Laporte & Louveaux（1993）、Salmerón & apte（2010）、Angulo et al.（2016）、Ghaffarinasab & Atayi（2018）、Lei et al.（2018）、Zarrinpoor et al.（2018）、Paul & Zhang（2019）、Xiang & Wei（2020）、Cheng et al.（2021）、Sanci & Daskin（2021）、龚英等（2023）
	近似算法	Balcik & Beamon（2008）、Mete & Zabinsky（2010）、Rawls & Turnquist（2010）、马祖军和周愉峰（2015）、Alem et al.（2016）、原丕业等（2017）、郑斌等（2017）、姜大立和张巍（2018）、Ghaffarinasab & Motallebzadeh（2018）、Moreno et al.（2018）、宋艳等（2019）、Ahmadi-Javid & Hoseinpour（2019）、于冬梅等（2020a）、周愉峰等（2020）、Liang et al.（2021）、赵佳佳等（2022）

包括定价优化在内的商业模式构建是云计算数据中心服务能够获得商业成功的基石。例如，亚马逊和微软等服务运营商通常会采取一种所谓的定价捆绑策略，其定价方案包括对诸如中央处理器、内存和存储等资源在内的一组"打包"价格，其中一种报价就针对其预先定义的包括 2 枚中央处理器、4GB 内存和 400GB 存储空间在内的捆绑包收取每月 140 美元的费用，或 4 枚中央处理器、16GB 内存和 1TB 存储空间在内的捆绑包收取每月 280 美元的费用（Ei Kihal et al.，2012）。

既有文献以最大化云计算数据中心服务运营商收益或利润为目标，并在一些场景中兼顾到社会福利，广泛地开展了研究。这些文献往往从运营商和客户等多个视角切入，在满足客户需求的前提下，研究如何优化设计云计算数据中心服务的定价机制。Li et al.（2011）借鉴金融资产交易提出一种云计算资源交易机制，以价格撬动云计算资源交易，设计了一种基于云计算资源历史利用率的定价迭代算法，通过数值实验验证了算法绩效。Rohitratana & Altmann（2012）考虑客户可能运用层次分析法等工具，从财务、技术、组织、供应商等多维度比选采购，通过基于智能体的仿真模拟探讨了软件即服务和永久授权这两种商业模式下的 4 种定价机制。Chun & Choi（2014）考虑了云计算数据中心服务运营商从订阅服务和按需付费两种商业模式中进行选择的问题，在建模分析后得到以运营成本作为指标的阈值策略并考虑了利用率的调节作用，为运营商的模式选择提供决策支持，也从消费者剩余和社会福利视角探讨了这种选择的影响。Keskin & Taskin（2014）针对不对称的双寡头云计算市场构建了一种两周期模型，考虑市场中客户的跨期折现因子可能具有指数折扣和双曲折扣两种形式，从而体现出耐心和不耐心两种行为，探讨了时间不一致折现和滞后网络外部性等因素对云计算数据中心运营商定价机制设计的影响。Huang et al.（2015）针对云计算数据中心服务中的资源定价，考虑固定价格契约和现货按需定价契约这两种机制，在针对信息产品、电力能源定价、产品版本控制和收益管理的既有研究基础上提出了一种决策支持模型，论证了包括这两种机制在内的混合策略的优越性和将服务中断作为差异化服务手段的价值。多智能体仿真模拟（Rohitratana & Altmann，2010）、多阶段博弈（Ma & Huang, 2012）、排队论（Abhishek et al., 2012；Javaid, 2014）等工具和方法在既有针对云计算数据中心运营商定价机制的研究中也得到运用。

国内的相关研究也方兴未艾。章瑞等（2013）考虑云计算数据中心服务市场中普遍存在的单归属和多归属现象，引入双边市场理论，提出一种两阶段收费的二部定价机制，探讨了注册费和交易费之间的优化设计以及差异化经营策略等。叶春森等（2018）考虑风险中性的云计算服务供应商和具有异质边际支付意愿的用户，分别探讨了基于单位时间连接速度、基于使用量和混合定价基准的 3 种定价机制。刘征驰等（2019）从需求视角考虑异质的用户适应度、从供给视角考虑不同定价机制的交易成本，将云计算服务定价机制设计建模为运营商与用户间的两阶段动态博弈，探讨了订阅定价、按需定价和混合定价等多种模式。既有研究也关注了云计算数据中心服务中的多种运营与商业模式，包括基础设施及服务（Infrastructure as a server，IaaS）、软件即服务（Software as a Service，SaaS）等。岳冬利等（2011）将基础设施即服务模式中虚拟机调度等构建为一种基于排队论的服务过程，提出若干原则、开展相应实验，探讨了该模式的优化调度问题。袁泽凯等（2014）针对基础设施即服务模式，梳理出按使用付费、订阅和动态定价等3种主流定价机制，分析影响定价的因素，比照金融期权定价问题构建模型，探讨和比较了按使用付费和订阅等两种定价机制。吴士亮和仲琴（2017）针对软件即服务模式，考虑网络外部性和具有不确定性的服务升级等因素，构建了两阶段分析框架，以运营商利润最大化为目标优化决策了云计算定价。

在既有研究的基础上，本书分别聚焦模式选择、应急响应和定价优化等专题开展研究。首先，在第2章中，关注企业或组织自身的云计算数据中心服务能力构建，考虑了自建自营、委托代管和购买服务等3种可能的构建模式，通过构建和求解不同模式下针对数据中心选址、算力资源分配和供给需求路由等复合决策的非线性规划问题，在数值算例的基础上开展了跨模式比较，给出了3种模式各自具有优势的情境。其次，在第3章中，关注云计算数据中心集群全生命周期中所面临的中断风险，将不确定风险和相应的事前事后应急响应等预先纳入能力构建问题当中，在前述模型基础上额外考虑了针对中断风险的防御和异常运营阶段的应急供给需求路由等决策，分别考虑了防御结果确定的双模中断和防御结果不确定的多模中断等情形，建立模型和进行求解，通过数值算例给出了针对防御措施和应急响应的决策建议。再次，在第4章中，关注云计算数据中心服务运营商企业的商业模式，特别是其中的服务定价问题，基于一种包括注册固定费用和从量可变费用的二部定价机制，建立模型和进行求解，通过数值算例给出了对定价策略选择的建议。最后，在第5章中，通过2

个结合真实场景的具体算例,即针对某智能货运调度公司 C 企业的"数据中心网络建设"算例和针对成都市的"数据中心网络规划与全生命周期风险应对"算例,展示了第 2 章和第 3 章中优化模型的场景应用。

本书所研究问题、所建立模型和所获得管理启示能为相关企业发展和政府制定规划提供决策支持,也能为本领域研究人员和学习者提供资料。

第 2 章 数据中心网络建设模式选择

企业为满足自身需求建设数据中心网络时，可在自建自营、托管服务器或购买云计算服务等多种模式中选择。以企业降本增效的需求作为牵引，突破建模和求解瓶颈，解决数据中心建设模式选择问题，符合《"十四五"数字经济发展规划》提出的绿色、低碳、集约、高效的数字基础设施优化升级原则，对促进数字经济发展有着重要意义。

数据中心网络建设模式选择问题需要兼顾选址和路由两类重要决策。本章针对自建自营、委托代管和购买服务 3 种模式，考虑多源异构的企业需求，研究了不同模式下具体的数据中心选址、算力资源分配和供给需求路由等决策，基于综合成本探讨了模式选择问题。

综合成本是影响数据中心建设模式选择的关键因素。Greenberg et al.（2009）奠基性地将综合成本按比重大小依次拆分为算力、基建、电力和网络等 4 项，并指出这些成本受到响应延迟和数据安全等服务质量因素的影响。随着数字经济的发展，响应延迟对企业的影响越来越显著：在搜索服务中，每增加 400 毫秒的延迟将降低 6%的用户搜索量；在电商服务中，增加 100 毫秒的延迟使收益降低 1%（李文信等，2020）。因此，Liang et al.（2021）将延迟成本单列以突出其重要性，并在排除自建网络设施成本后将综合成本调整为基建、算力、电力和延迟 4 项。数字经济的最新发展凸显了可靠性与安全这一核心问题，统筹发展和安全成为数字经济新阶段的明确要求（Parast et al.，2022）。本章在 Liang et al.（2021）的模型框架中引入安全成本，进一步丰富了数据中心网络建设综合成本的结构，以反映数字经济的最新发展。

考虑选址-路由的数据中心建设模式选择问题将选址这一战略决策与

后续运营决策复合，求解难度较大。本章在 Liang et al.（2021）所提出的算法基础上改进其启发式规则，得到了基于贪婪规则的疏解-汇集两阶段算法，使求解更加有效和高效。

2.1 模型与问题

考虑企业在多个不同点位有使用数据中心服务的需求。记所有需求点的集合为 $\mathcal{I} = \{1,2,3,\cdots,I\}$。各需求点的需求相互独立且不可分割。需求点 i 处的需求具有同质性，其按泊松分布随机到达，到达率为 λ_i 且不随时间发生变化。

企业可通过自建自营（自营）、委托代管（托管）和购买服务（购买）等多种模式满足前述需求。考虑企业在此次规划前无数据中心服务且企业为便于管理而仅从多种模式中选择一种，不会混合使用。不失一般性，假设各模式的候选数据中心点位相同。记所有候选点的集合为 $\mathcal{J} = \{1,2,3,\cdots,J\}$。

为满足企业使用数据中心服务的需求，需要算力、存储等多种资源。记所有资源类型的集合为 $\mathcal{K} = \{1,2,3,\cdots,K\}$，需求点 i 对资源 k 的需求量为 r_{ik}。

企业面临的决策如下：用 x_j 表示是否选择候选点 j，y_{jk} 表示在该点资源 k 的投入量，z_{ij} 表示是否通过该点向需求点 i 提供服务。

企业在决策时需要综合考虑获得数据中心服务的直接成本，以及响应延迟等低服务质量、服务中断或数据泄露等安全事故所带来的间接成本。

2.1.1 直接成本

在自营模式中，直接成本包括基础设施建设成本、电力成本和运营管理成本。比照 Uzaman et al.（2019）的研究，表 2.1 可供参考。

表 2.1 直接成本费用项目

费用类型	费用名称	费用明细
固定费用	土地使用费	企业自身前期获得土地或直接租赁土地
	建设工程费	数据中心物理空间建设工程费用
	设施安装费	电力系统、制冷系统、安防系统等设施安置费用
	设备购置费	服务器、转换器、网络传输设备、任务分配器等相关资源设备购置
	开发费用	软件、系统开发费用
运营费用	电力费用	资源使用耗电、制冷系统等耗电费用
	运维费用	日常维护管理费用
	网络通信费	网络系统使用费用
	其他费用	建设咨询、人力成本

此时，直接成本是数据中心建设点位决策 $X=\{x_j|\ j\in\mathcal{J}\}$ 和资源配置决策 $Y=\{y_{jk}|\ j\in\mathcal{J}, k\in\mathcal{K}\}$ 的函数，记为 $C(X,Y)$，其形式如下：

$$C(X,Y) = \sum_{\mathcal{J}} f_j x_j + \alpha\beta \sum_{\mathcal{J}}\sum_{\mathcal{K}} p_j h_k y_{jk} + \sum_{\mathcal{J}}\sum_{\mathcal{K}} (b_{jk} + \beta L_{jk}) y_{jk} \quad (2.1)$$

式中，f_j 和 p_j 分别为数据中心 j 的基础设施建设成本和单位电价，h_k 为资源 k 的耗电量，b_{jk} 和 L_{jk} 分别为数据中心 j 处资源 k 的单位建设和运营管理成本，α 为考虑到峰谷电价波动而设置的比例系数，β 为运营计划期长度。

在托管模式中，企业将自有设备部署在数据中心运营商处，使用运营商提供的物理环境及配套设施、电力资源、网络服务等，需要向运营商支付管理费用和能耗费用，直接成本包括基础设施建设成本和运营管理成本。刘征驰等（2019）讨论了几种常见的托管定价方法，分别为基于空间定价、基于能源使用定价和基于电力使用定价。在基于空间定价中，企业租赁运营商固定的机柜，然后支付费用。在基于能源使用定价中，企业根据实际能源使用量向运营商支付费用。在基于电力定价中，企业确定其托管量定额，根据峰值电能消耗等向运营商支付费用。其中，基于电力定价为实践选用较多的方式。由于数据中心能耗甚大，其节能减排广受关注，许多运营商也相应地改变定价方式以引导客户节能减排，促进绿色数据中心的建设。Guo et al.（2017a）针对托管模式能耗优化进行研究，发现托管运营商采取更灵活的定价方式、更灵活的资源租赁可以更好地降低能源消耗，并带来更好的经济效益。比照公式（2.1）并参考 Guo et al.（2017a）、Chen et al.（2020）和祁兵等（2022）等文献中对于托管资源的定价方式，得到

$$C(X,Y) = \sum_{\mathcal{J}} \tilde{f}_j x_j + \sum_{\mathcal{J}}\sum_{\mathcal{K}} (b_{jk} + \beta \tilde{L}_{jk}) y_{jk} \tag{2.2}$$

式中，$\tilde{f}_j$ 为数据中心 j 处托管设备的固定成本，即使用数据中心运营商提供的物理空间和基础设施费用，b_{jk} 和 $\tilde{L}_{jk}$ 为数据中心 j 处资源 k 的单位建设和托管运营成本。

在购买模式中，企业直接采购云计算服务。其本质为数据中心服务提供商将可配置资源（计算或存储资源等）进行封装，以虚拟机（virtual machine，VM）的形式打包出售（Heilig et al.，2020；Dimitri，2020）。云计算服务包括公有云、私有云、社区云、混合云等多种形式。考虑企业面向市场购买公有云类型的数据中心服务。工业界和学术界对购买数据中心云计算服务的定价方式均有探索。腾讯云和阿里云等国内提供商主要按年、月等周期一次性收费，或者按照实际的资源使用量计费，还提供了时变价格计费和竞价购买等来促销。Heilig et al.（2020）考虑了按资源类型和数量定价。刘征驰等（2019）考虑了订阅费用、按量收费两种方式，并提出了一种混合定价策略，即针对企业购买的标准资费收取注册费用而对其使用的增量资源按量收费。比照公式（2.1），并参考 Wang et al.（2014）和 Heilig et al.（2020）等文献中关于云计算资源定价的研究，得到

$$C(X,Y) = \sum_{\mathcal{J}} \hat{f}_j x_j + \beta \sum_{\mathcal{J}}\sum_{\mathcal{K}} \hat{L}_{jk} y_{jk} \tag{2.3}$$

式中，$\hat{f}_j$ 为数据中心 j 处采购云计算服务的注册费用，$\hat{L}_{jk}$ 为数据中心 j 处对从量资源 k 的单位报价。

2.1.2 服务延迟成本

需求自需求点发出到在数据中心处理完毕之间的时间称为服务延迟，它包括数据中心外部，主要是网络节点间的传输延迟和数据中心内部的处理延迟。

传输延迟主要是需求在网络中通过网络协议（如 TCP/IP）进行传输，传输点之间的传输能力、传输距离、数据量和访问频率等都会对延迟时间产生影响。肖文华等（2017）将其刻画为传输距离的线性函数；Rodrigues et al.（2016）认为其包括传输时间和发送与接收时的排队时间，借助 Shannon-Hartley 模型进行近似，将其表示为传输距离的一种非线性函数，进而线性化并通过异质系数来表征不同距离的延迟特征；Liang et al.（2021）基于美国联邦公路局（Bureau of Public Roads，BRP）函数对其进行刻画和进一步的线性化。在此基础上，考虑传输延迟为传输距离的线性函数，其系数具有异质性以表征需求点和数据中心间的网络链路特征。具体而言，记需求点 i 和数据中心 j 之间的传输延迟为 $\tau_{ij}=R_{ij}d_{ij}$，其中 d_{ij} 为两者之间的欧氏距离，R_{ij} 为前述系数。

处理延迟主要受数据中心资源配置、内部路由和调度方式等影响。考虑到数据中心处理需求时的处理单元共享特征，与 Liang et al.（2021）的工作类似，运用针对服务台共享排队系统的经典结论来刻画处理延迟。

于是，有服务延迟成本

$$D(Y,Z) = \sum_{\mathcal{J}}\sum_{\mathcal{I}}\theta_i\lambda_i\tau_{ij}z_{ij} + \sum_{\mathcal{J}}\sum_{\mathcal{K}}\frac{\sum_{\mathcal{I}}\theta_i\lambda_i r_{ik}z_{ij}}{y_{jk}-\sum_{\mathcal{I}}\lambda_r r_{ik}z_{ij}} \qquad (2.4)$$

式中，θ_i 是需求点 i 处因服务响应延迟而产生的单位成本，r_{ik} 是需求点 i 所发出需求对于资源 k 的需求量。

2.1.3 数据安全成本

数据安全近年来越来越受到关注,是企业获取数据中心服务时必须考虑的重要因素(Greenberg et al.,2008)。包括数据失窃和数据丢失在内的数据安全将使企业承受极大的损失(赵保国等,2020;Yi et al.,2019)。学术界目前针对数据中心数据安全的研究多集中于受到何种因素影响(赵保国等,2020)和采取何种防护措施(张水平等,2011;Chang et al.,2015;Jaiswal et al.,2016),对企业在使用数据中心服务过程中数据安全问题导致的经济损失则少有研究。可借鉴供应链管理研究中对设施失效损失的研究,采用相应损失成本计算方法刻画数据安全成本。不失一般性,可视数据安全风险事件为随机事件,从而考虑其对应的期望损失,得到数据安全成本如式(2.5)所示。

$$S(Z) = \sum_{\mathcal{J}} \sum_{\mathcal{I}} \zeta_i \rho_j z_{ij} \qquad (2.5)$$

式中,ζ_i 为需求点 i 因数据安全风险事件而产生的成本,ρ_j 为数据中心 j 发生数据安全风险事件的概率。在不同的数据中心建设模式中,这种概率不同,其具体数值可由历史运营信息测算得到。

2.1.4 3种模式下的优化问题建模

在前述分析基础上,针对自营、托管和购买3种模式,分别有以下问题:(PZ)、(PT) 和 (PG)。

$$(PZ) \quad \min Z = \sum_{\mathcal{J}} f_j x_j + \alpha\beta \sum_{\mathcal{J}} \sum_{\mathcal{K}} p_j h_k y_{jk} + \sum_{\mathcal{J}} \sum_{\mathcal{K}} (b_{jk} + \beta L_{jk}) y_{jk} +$$

$$\sum_{\mathcal{J}} \sum_{\mathcal{K}} \frac{\sum_{\mathcal{I}} \theta_i \lambda_i r_{ik} z_{ij}}{y_{jk} - \sum_{\mathcal{I}} \lambda_i r_{ik} z_{ij}} + \sum_{\mathcal{J}} \sum_{\mathcal{I}} \theta_i \lambda_i \tau_{ij} z_{ij} + \sum_{\mathcal{J}} \sum_{\mathcal{I}} \zeta_i \rho_j z_{ij}$$

$$(2.6\text{a})$$

$$\text{s.t.} \quad z_{ij} \leq x_j, \quad \forall i \in \mathcal{I}, \forall j \in \mathcal{J} \qquad (2.6\text{b})$$

$$\sum_{\mathcal{J}} z_{ij} = 1, \quad \forall i \in \mathcal{I} \qquad (2.6\text{c})$$

$$\sum_{\mathcal{I}} \lambda_i r_{ik} z_{ij} \leq y_{jk}, \forall j \in \mathcal{J}, k \in \mathcal{K} \quad (2.6\text{d})$$

$$\sum_{\mathcal{K}} y_{jk} h_k \leq w_j, \forall j \in \mathcal{J} \quad (2.6\text{e})$$

$$y_{jk} \leq y_{jl} e_{kl}, \forall j \in \mathcal{J}, \forall k, l \in \mathcal{K} \quad (2.6\text{f})$$

$$x_j, z_{ij} \in \{0,1\}, \forall i \in \mathcal{I}, i \in \mathcal{J} \quad (2.6\text{g})$$

$$y_{jk} \geq 0 \quad \forall j \in \mathcal{J}, k \in \mathcal{K} \quad (2.6\text{h})$$

式中，约束（2.6b）表示只有建设并运营某数据中心后才能够在该处获得数据中心服务，约束（2.6c）表示所有需求点处的需求都必须得到满足，约束（2.6d）表示在任一数据中心处配置的各项资源 y_{jk} 必须分别满足向其分配需求所要求的总资源量，约束（2.6e）表示在任一数据中心处配置的资源总耗能必须满足当地的电力负荷 w_j，约束（2.6f）表示在任一数据中心处配置的各项资源比例必须适当，约束（2.6g）和（2.6h）分别为决策变量的二进制约束和非负约束。

$$(PT) \quad \min Z = \sum_{\mathcal{J}} \tilde{f}_j x_j + \sum_{\mathcal{J}} \sum_{\mathcal{K}} (b_{jk} + \beta \tilde{L}_{jk}) y_{jk} + \sum_{\mathcal{J}} \sum_{\mathcal{K}} \frac{\sum_{\mathcal{I}} \theta_i \lambda_i r_{ik} z_{ij}}{y_{jk} - \sum_{\mathcal{I}} \lambda_i r_{ik} z_{ij}} +$$

$$\sum_{\mathcal{J}} \sum_{\mathcal{I}} \theta_i \lambda_i \tau_{ij} z_{ij} + \sum_{\mathcal{J}} \sum_{\mathcal{I}} \zeta_i \tilde{\rho}_j z_{ij} \quad (2.7\text{a})$$

$$\text{s.t.} \quad y_{jk} \leq \tilde{Q}_{jk}, \forall j \in \mathcal{J}, \forall k \in \mathcal{K} \quad (2.7\text{e})$$

约束（2.7e）表示在任一数据中心处配置的各项资源 y_{jk} 必须分别满足其可托管资源限额 $\tilde{Q}_{jk}$，其余约束与问题 PZ 中的对应约束相似。

$$(PG) \quad \min Z = \sum_{\mathcal{J}} \hat{f}_j x_j + \beta \sum_{\mathcal{J}} \sum_{\mathcal{K}} \hat{L}_{jk} \hat{y}_{jk} + \sum_{\mathcal{J}} \sum_{\mathcal{K}} \frac{\sum_{\mathcal{I}} \theta_i \lambda_i r_{ik} z_{ij}}{\hat{y}_{jk} + B_{jk} - \sum_{\mathcal{I}} \lambda_i r_{ik} z_{ij}} +$$

$$\sum_{\mathcal{J}} \sum_{\mathcal{I}} \theta_i \lambda_i \tau_{ij} z_{ij} + + \sum_{\mathcal{J}} \sum_{\mathcal{I}} \zeta_i \hat{\rho}_j z_{ij} \quad (2.8\text{a})$$

$$\text{s.t.} \quad \sum_{\mathcal{I}} \lambda_i r_{ik} z_{ij} \leq \hat{y}_{jk} + B_{jk}, \forall j \in \mathcal{J}, k \in \mathcal{K} \quad (2.8\text{d})$$

$$\hat{y}_{jk} \leq \hat{Q}_{jk} - B_{jk}, \forall j \in \mathcal{J}, \forall k, l \in \mathcal{K} \quad (2.8\text{e})$$

约束（2.8d）表示在任一数据中心处配置的各项资源必须分别满足向其分配需求所要求的资源量，约束（2.8e）表示在任一数据中心处配置的各项资源必须分别满足其可提供的资源限额，其余约束与问题 PZ 中的对应约束相似。其中，B_{jk} 为云计算标准实例的基础资源量，$\hat{y}_{jk}$ 为超出基础资源量后的从量。

表 2.2 汇总给出了优化模型中所使用的符号。

表 2.2 符号描述

符号	描述
$\mathcal{I} = \{1,2,3,\cdots,I\}$	需求点集合
$\mathcal{J} = \{1,2,3,\cdots,J\}$	数据中心候选点集合
$\mathcal{K} = \{1,2,3,\cdots,K\}$	资源类型集合
r_{ik}	需求点 i 对于 k 类资源的需求量
θ_i	需求点 i 处的单位延迟成本
λ_i	需求点 i 处的到达率
ζ_i	需求点 i 处业务需求发生安全事故的损失
f_j	数据中心 j 点的固定成本费用
p_j	数据中心 j 点的电价
b_{jk}	数据中心 j 处资源 k 的单位建设成本
L_{jk}	数据中心 j 点对于资源 k 的单位管理费用
τ_{ij}	需求点 i 和数据中心 j 之间的路阻系数
ρ_j	数据中心 j 安全事故发生的概率
h_k	资源 k 的耗电量
w_j	j 点最大能源供应
α	峰值消耗电量比例系数
β	运营计划周期长度
e_{lk}	数据中心中资源 l 和资源 k 的最大比例
$\tilde{f}_j$	托管数据中心 j 点的固定费用

续表

符号	描述
$\tilde{L}_{jk}$	托管数据中心 j 处资源 k 的单位托管运营成本
$\tilde{Q}_{jk}$	托管数据中心 j 处资源 k 最大托管量
$\hat{f}_j$	云计算数据中心 j 的注册费用
$\hat{L}_{jk}$	云计算数据中心 j 对资源 k 的报价
$\hat{Q}_{jk}$	云计算数据中心 j 资源 k 最大供应量
B_{jk}	云计算数据中心 j 设置的标准资源 k
x_j	$x_j=1$ 时表示使用数据中心 j，否则 $x_j=0$
y_{jk}	j 点资源 k 的配置量
z_{ij}	$z_{ij}=1$ 时表示数据中心 j 向 i 提供服务，否则 $z_{ij}=0$

2.2 基于贪婪规则的疏解-汇集算法

对问题 PZ、PT 和 PG 的求解具有相似性。以下以问题 PZ 为例进行论述。

若只考虑直接成本 $C(X,Y)$，而不考虑服务延迟成本 $D(Y,Z)$ 和数据安全成本 $S(Z)$，则该问题与经典的选址分配无异，为一混合整数线性规划问题。若在此基础上考虑服务延迟成本 $D(Y,Z)$ 和数据安全成本 $S(Z)$，则虽然该问题仍为混合整数规划问题，但数据中心内部的处理延迟表达式中的分式项引入了非线性，增加了求解的困难。针对该非线性项，Liang et al.（2021）提出一种线性化技术以将其转化，最终得到一个混合整数二阶锥规划。运用该线性化技术，可将问题 PZ 转化为下列问题 $\overline{PZ}$：

$$(\overline{PZ}) \quad \min Z = \sum_{\mathcal{J}} f_j x_j + \alpha\beta \sum_{\mathcal{J}}\sum_{\mathcal{K}} p_j h_k y_{jk} + \sum_{\mathcal{J}}\sum_{\mathcal{K}} (b_{jk}+\beta L_{jk}) y_{jk} +$$
$$\sum_{\mathcal{J}}\sum_{\mathcal{K}} V_{jk} + \sum_{\mathcal{J}}\sum_{\mathcal{I}} \theta_i \lambda_i \tau_{ij} z_{ij} + \sum_{\mathcal{J}}\sum_{\mathcal{I}} \zeta_i \rho_j z_{ij} \quad (2.9\text{a})$$

$$\text{s.t.} \quad z_{ij} \leqslant x_j, \ \forall i \in \mathcal{I}, j \in \mathcal{J} \quad (2.9\text{b})$$

$$\sum_{\mathcal{J}} z_{ij} = 1, \forall i \in \mathcal{I} \qquad (2.9c)$$

$$\sum_{\mathcal{I}} \lambda_r r_{ik} z_{ij} \leq y_{jk}, \forall j \in \mathcal{J}, k \in \mathcal{K} \qquad (2.9d)$$

$$\sum_{\mathcal{K}} y_{jk} h_k \leq w_j, \forall j \in \mathcal{J} \qquad (2.9e)$$

$$y_{jk} \leq y_{jl} e_{kl}, \quad \forall j \in \mathcal{J}, \forall k,l \in \mathcal{K} \qquad (2.9f)$$

$$\left\| V_{jk} - y_{jk} + 2\sum_{\mathcal{J}}^{\bigwedge_k z_{ij}} \lambda_i r_{ij} z_{ij} \right\| \leq V_{jk} + y_{jk} - \sum_{\mathcal{I}} \lambda_i r_{ik} z_{ij}, \forall j \in \mathcal{J}, k \in \mathcal{K} \qquad (2.9g)$$

$$V_{jk} \geq 0, \quad \forall j \in \mathcal{J}, \ k \in \mathcal{K} \qquad (2.9h)$$

$$x_j, z_{ij} \in \{0,1\}, \quad \forall i \in \mathcal{I}, i \in \mathcal{J} \qquad (2.9i)$$

$$y_{jk} \geq 0 \quad \forall j \in \mathcal{J}, k \in \mathcal{K} \qquad (2.9j)$$

即在原有各项约束之外增加约束（2.9g）和（2.9h），两式中的 $\bigwedge_k \in R^{|I| \times |I|}$ 表示对角阵 $(\bigwedge_k)_{ii} = \sqrt{\theta_i \lambda_i r_{ik}}$。

根据 Liang et al.（2021）的研究，通过将数据中心内部的处理延迟成本中的分式项转换为二阶锥结构，问题 $\overline{PZ}$ 与问题 PZ 具有相同的解。虽然该问题仍难以直接求解，但可在进行拉格朗日松弛后设计算法加以求解。

对问题 $\overline{PZ}$ 的能力约束（2.9e）进行松弛后，得到问题 $\overline{PZ}-L$。

$$(\overline{PZ}-L) \quad \min Z = \sum_{\mathcal{J}} f_j x_j + \alpha\beta \sum_{\mathcal{J}} \sum_{\mathcal{K}} p_j h_k y_{jk} + \sum_{\mathcal{J}} \sum_{\mathcal{K}} (b_{jk} + \beta L_{jk}) y_{jk} +$$
$$\sum_{\mathcal{J}} \sum_{\mathcal{K}} V_{jk} + \sum_{\mathcal{J}} \sum_{\mathcal{I}} \theta_i \lambda_i \tau_{ij} z_{ij} + \sum_{\mathcal{J}} \sum_{\mathcal{I}} \zeta_i \rho_j z_{ij} +$$
$$\sum_{\mathcal{J}} \mu_j \left(\sum_{\mathcal{K}} y_{jk} h_k - w_j \right) \qquad (2.10)$$

其余约束不变。

对任意给定的松弛系数 μ_j，可运用商业优化器求解松弛后所得的问题 $\overline{PZ}-L$。显然，所获最优解对应于原问题 $\overline{PZ}$ 的一个下界。如果该最优解也是问题 $\overline{PZ}$ 的可行解，则它也是问题 $\overline{PZ}$ 的最优解。但在很多情况下，问题 $\overline{PZ}-L$ 的解并非问题 $\overline{PZ}$ 的可行解。此时，如 Liang et al.（2021）所示，可通过启发式算法改造所获解以得到问题 $\overline{PZ}$ 的可行解，则该可行解对应于原问题 $\overline{PZ}$ 的一个上界。

不断地更新松弛系数 μ_j，可更新得到相应的问题 $\overline{PZ-L}$，并按照上述方法构造问题 $\overline{PZ}$ 的一系列上下界。当上下界足够接近时停止更新迭代。可采用次梯度优化算法实现这一更新迭代过程。

在 Liang et al.（2021）所做研究基础上，设计了基于贪婪规则的、由疏解和汇集两个阶段组成的新启发式算法（Greedy Relieving-Pooling Algorithm，GRP）以在所获问题 $\overline{PZ-L}$ 的最优解基础上构造问题 $\overline{PZ}$ 较优的可行解。问题 $\overline{PZ-L}$ 的最优解在问题 $\overline{PZ}$ 中不可行的原因是，前者松弛了数据中心能力约束（2.9e）而导致数据中心超负荷。于是，算法的疏解阶段是对超负荷数据中心所承担的需求进行疏解以使其可行，而汇集阶段是将算力闲置的数据中心所承担的需求汇集起来以提高绩效。

2.2.1 疏解算法

疏解算法的思路是不断地将当前方案中超负荷数据中心所承担的需求重新分配至其他数据中心，直至得到满足数据中心能力约束（2.9e）的可行解。其过程可简述如下：

（1）定义集合 $A = \left\{ j \mid x_j = 1, \sum_k y_{jk} h_k > w_j \right\}$，为已启用且超负荷的数据中心。

（2）定义指标 $t = \arg\max_{j \in A} \left(\sum_k y_{jk} h_k - w_j \right)$，指标 $s = \arg\min_{i \in \mathcal{I}, z_{ii}=1} \left(\sum_k \lambda_i r_{ik} h_k \right)$，分别为集合 A 中超负荷净值最多的数据中心和分配给该数据中心的需求点中产生负荷最小的点，不再将需求点 S 指派给数据中心 t。

（3）定义集合 $B_s = \left\{ j \mid x_j = 1, \sum_k (y_{jk} + \lambda_s r_{sk}) h_k \leq w_j \right\}$，为已启用且尚未超负荷的数据中心中当前闲置能力可服务于需求点 S 的集合。对集合 B_s 中所有的点 j，计算点 j 服务于需求点 S 而产生的成本增量 Δ_B：

$$\Delta_B(s,j) = \alpha\beta \sum_{\mathcal{K}} p_j h_k \lambda_s r_{sk} + \sum_{\mathcal{K}} (b_{jk} + \beta L_{jk}) \lambda_s r_{sk} +$$
$$\sum_{\mathcal{K}} \frac{\theta_s \lambda_s r_{sk}}{y_{jk} - \sum_{\mathcal{I}} \lambda_i r_{ik} z_{ij}} + \theta_s \lambda_s \tau_{sj} + \rho_j \zeta_s \quad (2.11)$$

（4）定义集合 $C_s = \left\{ j \mid x_j = 0, \sum_k \lambda_s r_{sk} h_k \leq w_j \right\}$，为未启用数据中心中有能力服务于需求点 S 的集合。对集合 C_s 中所有的点 j，计算点 j 服务于需求点 S 而产生的成本增量 Δ_C：

$$\Delta_C(s,j) = f_j + \alpha\beta \sum_{\mathcal{K}} p_j h_k \lambda_s r_{sk} + \sum_{\mathcal{K}} (b_{jk} + \beta L_{jk}) \lambda_s r_{sk} + \theta_s \lambda_s \tau_{sj} + \rho_j \zeta_s \quad (2.12)$$

（5）将需求点 S 指派给集合 B_s 和集合 C_s 中成本增量最小的点，若该点在集合 C_s 中则启用该数据中心。

（6）此时，对所有的数据中心候选点 j 和需求点 i，已确定启用决策 x_j 和分配决策 z_{ij}；对已启用的每一个数据中心 j，求解如下二阶锥问题 $\overline{PY}$ 可对所有的资源类型 k 确定相应的配置决策 y_{jk}。

$$(\overline{PY}) \quad \min \alpha\beta \sum_{\mathcal{K}} p_j h_k y_{jk} + \sum_{\mathcal{K}} (b_{jk} + \beta L_{jk}) y_{jk} + \sum_{\mathcal{K}} V_{jk} \quad (2.13)$$

s.t. (2.6d), (2.6e), (2.6f), (2.9g)

（7）重复以上步骤直至集合 A 为空集时停止，得到可行解。

通过疏解算法，按照贪婪规则将超负荷数据中心所承担的需求疏解至尚有闲置算力的其他数据中心，可获得满足数据中心能力约束 (2.9e) 的问题 $\overline{PZ}$ 的可行解。但在该算法中，针对超负荷数据中心的需求再分配是序贯进行的，即较小的需求被优先重新分配。相应地，所获可行解可能优先使用那些处理能力较小而又尚未使用的数据中心以承担被重新分配的需求。当有较多需求被重新分配时，这种序贯方式可能导致所获可行解使用过多的数据中心，从而存在大量闲置能力而导致资源浪费和效率低下。也即，疏解算法所获可行解可能陷入局部最优或者距离最优解较远。后续汇集算法将通过聚合需求来获得更优质量的解。

2.2.2 汇集算法

汇集算法的思路是不断地将当前方案中较小数据中心所承担的需求重新分配至较大的数据中心，以利用数据中心服务的规模经济效应，减少启用的数据中心数量。

其过程可简述如下：

（1）初始化集合 $D = \mathcal{J}$ 为可用数据中心。

（2）定义指标 $u = \arg\max_{j \in D} \left(w_j - \sum_k y_{jk} h_k \right)$，为集合 D 中闲置能力最大的数据中心。定义其所承担需求可全部重新分配至数据中心 u，且数据中心 u 仍满足能力约束的已启用数据中心集合

$$F_u = \left\{ j \in D | j \neq u, x_j = 1, \sum_k (y_{jk} + y_{uk}) h_k \leq w_u, y_{jk} + y_{uk} \leq e_{kl}(y_{jl} + y_{ul}), \forall k, l \in \mathcal{K} \right\}.$$

若 F_u 为空集，则直接跳转至第（5）步；否则，继续下一步。

（3）对集合 F_u 中所有的点 j，计算将其所承担需求全部重新分配至数据中心 u 后的目标函数值 $Z_u(j)$。其中，相应的资源配置决策 y_{jk} 可类似地通过求解前述问题 (PY) 得到。

（4）定义指标 $j_u = \arg\min_{j \in F_u} Z_u(j)$。若 $Z_u(j_u)$ 小于当前目标函数值，则不再启用数据中心 j_u 并将其所承担需求全部重新分配至数据中心 u，更新集合 F_u，按照第（3）步的计算更新当前解和当前目标函数值；否则，继续下一步。

（5）将 u 从集合 D 中移除。

（6）重复以上（2）~（5）各步骤，直至集合 D 为空集时停止。

汇集算法可以在疏解算法所获可行解的基础上得到更优的解。

2.2.3 算法绩效

将基于贪婪规则的疏解-汇集启发式算法（GRP 算法）嵌入拉格朗日松弛算法总体框架中，可以有效地求解考虑选址-路由的数据中心建设

模式选择问题。在算法迭代中，可运用成熟的商业优化器求解问题 $\overline{PZ-L}$、运用次梯度算法等更新拉格朗日松弛系数和基于对偶间隙判断是否终止算法等。

以下通过数值算例展示算法绩效：

具体软硬件环境为：在 python3.8 中实现算法代码，采用 gurobi 9.1 版本优化器，使用主频为 3.5 GHz 的 Intel core i7-7500u 处理器、8 GB 内存。

第一项数值实验是与 Liang et al.（2021）中的既有算法进行比较。

首先考虑与其完全一致的实例，即令日常运营管理成本和安全成本为零、运营周期设置为 1。此外，取 $\alpha = 0.8$、$b_{jk} = [2, 1.5]$、$e_{kl} = \begin{bmatrix} 1 & 1.5 \\ 2 & 1 \end{bmatrix}$。

使用拉格朗日松弛算法作为主体框架，设置求解时间上限为 3 600 s、次梯度迭代次数上限为 2 000 次。在需求点数量和数据中心候选点数量给定后，即问题规模给定后，对每一个实例，各求解 100 次，然后求得各项绩效指标在这 100 次计算中输出的平均值。作为示例，表 2.3 和表 2.4 分别展示了一个具有 50 个需求点和 25 个数据中心候选点的算例中各自的具体参数数值。表 2.5 展示了 GRP 算法与作为标杆的既有算法求解的结果比较。

表 2.3 需求点参数

序号	坐标 x	坐标 y	需求到达率	计算资源	存储资源	单位延迟成本	单位数据安全成本
1	121.47	38.57	83.59	76.04	63.82	61.62	934
2	73.80	42.67	35.21	75.50	30.72	33.76	2 936
3	97.75	30.31	39.95	60.79	61.40	38.45	4 759
4	84.28	30.46	45.23	70.18	31.95	28.14	3 478
5	76.88	40.28	56.39	54.08	39.36	48.28	4 596
6	89.64	39.78	77.16	55.24	39.69	40.67	4 908

续表

序号	坐标 x	坐标 y	需求到达率	计算资源	存储资源	单位延迟成本	单位数据安全成本
7	82.99	39.99	29.77	49.65	57.68	15.16	4 044
8	84.55	42.71	50.74	42.79	14.77	13.35	2 509
9	74.76	40.22	69.52	39.40	14.60	46.46	3 655
10	78.66	35.82	60.09	43.18	15.04	14.41	884
11	84.42	33.76	52.14	44.70	15.42	14.85	526
12	77.47	37.53	63.03	37.10	13.22	15.27	3 321
13	71.02	42.34	76.68	30.31	21.25	23.79	626
14	86.15	39.78	38.73	28.19	29.72	27.99	4 107
15	92.19	38.57	48.15	25.99	38.93	38.26	4 029
16	89.39	43.08	28.75	24.97	48.89	48.03	1 954
17	86.78	36.17	67.91	27.41	39.34	8.28	3 410
18	122.89	47.04	39.63	33.31	12.23	11.99	4 811
19	76.50	38.97	47.00	27.05	9.79	11.40	3 220
20	93.10	44.95	63.16	24.62	28.78	39.30	4 134
21	91.13	30.45	46.14	18.92	6.43	5.27	3 700
22	86.28	32.35	41.92	19.65	16.64	15.71	4 615
23	84.87	38.19	66.56	18.22	26.29	4.95	1 560
24	112.07	33.54	27.07	30.36	10.83	9.53	4 059
25	80.89	34.04	42.85	20.69	6.94	6.40	4 769
26	104.87	39.77	53.05	25.35	39.2	30.55	4 138
27	72.68	41.77	47.41	15.83	5.87	6.72	3 227
28	97.51	35.47	59.05	16.46	5.56	4.73	977

续表

序号	坐标 x	坐标 y	需求到达率	计算资源	存储资源	单位延迟成本	单位数据安全成本
29	123.02	44.92	64.59	18.57	6.62	6.30	3 576
30	93.62	41.58	60.26	13.43	4.70	4.18	612
31	90.21	32.32	17.77	11.70	3.65	3.09	4 774
32	95.69	39.04	47.79	12.50	4.43	4.51	1 283
33	92.35	34.72	51.57	12.16	3.84	3.15	1 956
34	81.63	38.35	49.39	7.29	2.56	1.76	4 657
35	111.93	40.78	50.56	14.22	5.07	4.74	3 162
36	96.69	40.82	64.22	8.27	2.98	2.79	1 868
37	105.95	35.68	70.89	8.41	32.80	12.74	4 993
38	69.73	44.33	63.36	5.79	2.05	21.93	3 796
39	119.74	39.15	42.69	13.19	4.65	3.38	1 865
40	71.56	43.23	57.87	6.08	32.26	22.33	2 233
41	116.23	43.61	53.19	7.51	12.58	12.18	4 022
42	71.42	41.82	52.55	4.57	21.65	21.68	2 753
43	112.02	46.6	61.46	4.49	31.56	21.54	4 776
44	100.32	44.37	48.15	3.68	41.30	51.17	3 947
45	75.52	39.16	54.46	4.16	31.47	31.43	3 527
46	100.77	46.81	41.42	3.27	1.16	1.05	2 290
47	77.02	38.91	54.83	33.31	12.23	11.99	2 119
48	72.57	44.27	61.38	12.72	20.98	21.12	700
49	104.79	41.15	36.21	12.63	14.91	20.75	2 239
50	97.51	35.47	21.28	11.12	14.13	29.26	3 060

表 2.4 数据中心候选点参数

序号	坐标 x	坐标 y	固定成本	单位电价	电力负荷上限	计算资源运营费用	存储资源运营费用	安全事故发生概率
1	96.78	32.78	17 000	5.43	8 832.50	29.34	22.39	0.01
2	104.98	39.72	17 000	7.59	5 500.00	30.25	25.34	0.06
3	95.38	29.75	17 000	5.43	3 178.00	20.70	20.85	0.21
4	118.37	34.08	17 000	13.86	4 500.00	20.48	14.93	0.28
5	74.00	40.00	17 000	10.67	8 250.00	38.93	12.83	0.06
6	73.92	40.73	17 000	6.16	5 250.00	20.59	23.44	0.13
7	76.03	36.73	17 000	6.61	10 250.00	22.03	35.30	0.21
8	122.48	47.7	17 000	4.67	10 000.00	11.63	27.57	0.22
9	112.08	33.05	17 000	6.80	2 750.00	27.31	34.58	0.02
10	122.43	37.77	17 000	13.86	4 250.00	33.09	37.11	0.23
11	120.96	44.34	17 000	6.28	12 162.57	21.54	34.47	0.18
12	81.9	35.46	17 000	6.69	12 162.57	22.69	29.99	0.21
13	93.53	41.65	17 000	7.29	12 162.57	23.55	38.52	0.05
14	97.34	32.82	17 000	5.43	12 162.57	20.75	32.80	0.07
15	106.75	34.89	17 000	5.59	12 162.57	25.60	22.37	0.24
16	80.07	33.18	20 000	6.46	10 000.00	37.96	33.56	0.09
17	95.87	41.25	25 000	7.29	15 000.00	37.70	26.90	0.24
18	82.86	31.58	10 000	6.18	10 000.00	38.69	35.33	0.23
19	85.99	34.78	10 000	6.38	10 000.00	20.66	18.51	0.15
20	81.54	35.91	12 000	6.69	12 000.00	27.16	27.91	0.23
21	95.31	36.23	7 000	5.23	7 000.00	18.07	31.62	0.22
22	87.38	36.50	10 000	6.15	10 000.00	15.67	10.78	0.12
23	121.18	45.59	12 000	6.28	12 000.00	17.64	30.76	0.03
24	123.14	45.06	18 000	6.28	25 000.00	25.49	35.59	0.24
25	83.23	40.04	15 000	6.71	10 000.00	16.54	37.41	0.13

表 2.5 与既有算法在完全一致实例上的绩效比较

需求点数量	数据中心候选点数量	既有算法			GRP 算法			目标函数最优值改进率
		目标函数最优值	计算时间	迭代次数	目标函数最优值	计算时间	迭代次数	
10	5	179 246.54	0.43	3.04	163 912.98	0.64	2.69	8.55%
10	10	241 165.27	1.14	7.46	236 651.77	2.31	11.39	1.87%
20	10	355 117.09	1.71	5.12	350 880.59	2.57	6.40	1.19%
20	15	379 867.30	9.05	13.99	360 718.83	9.21	13.99	5.04%
30	15	573 868.18	6.32	7.47	560 745.32	7.90	9.91	2.29%
30	20	571 506.78	10.76	9.53	556 988.51	21.13	17.15	2.54%
40	20	715 775.49	20.85	9.92	639 861.64	34.18	12.77	10.61%
50	25	1 215 247.72	121.29	16.57	1 206 614.35	124.67	20.10	0.71%

结果表明，GRP 算法与既有算法相比，在求解时间上没有太大差距，但总能找到质量相对更优的解，且在不同规模实例上目标函数值的平均改进比率最高为 10.61%。因此，一方面可以佐证 GRP 算法在计算效果上的可靠性，另一方面表明其相比既有算法具有更强的优化能力。

然后考虑对应问题 PZ 的算例，即考虑更新后的综合成本，其算例成本结构应适应考虑选址-路由的数据中心建设模式选择问题。其中，单位资源运营管理成本和单位安全成本分别在区间[10,40]上和[500,5 000]上均匀随机生成。针对数据中心能力约束（2.9e），分别讨论约束紧张、适中和宽松等 3 种不同情形，即其最大能源供应能力分别在区间[12 500,22 500]、[15 000,25 000]和[20 000,30 000]上均匀随机生成。对给定规模的问题，仍各生成 100 个样本并进行求解，然后求得各项绩效指标的平均值。表 2.6 展示了计算结果。

表 2.6　与既有算法在考虑综合成本后的绩效比较

需求点数量	数据中心候选点数量	既有算法			GRP 算法			目标函数最优值改进率	GRP算法占优样本的比例	两种算法等效样本的比例
		目标函数最优值	计算时间	迭代次数	目标函数最优值	计算时间	迭代次数			
能力约束紧张										
10	5	421 506.98	0.09	1.00	421 506.98	0.09	1.00	0.00%	0.00%	100.00%
10	10	404 986.26	0.14	1.10	404 375.22	0.15	1.10	0.15%	5.00%	92.00%
20	10	869 619.84	2.28	4.68	851 854.48	7.10	13.78	2.04%	62.00%	27.00%
20	15	1 345 628.26	5.18	15.97	1 288 078.76	9.71	24.79	4.28%	85.00%	11.00%
30	15	1 343 830.74	56.67	80.54	1 284 361.06	122.42	127.71	4.43%	78.00%	3.00%
30	20	1 243 926.54	99.46	208.27	1 071 353.62	189.52	313.87	13.87%	88.00%	1.00%
40	20	1 672 982.92	105.77	98.08	1 607 018.50	170.55	140.79	3.94%	68.00%	3.00%
50	25	3 117 388.05	253.95	190.29	3 078 275.25	402.48	191.80	1.25%	82.00%	2.00%
能力约束适中										
10	5	427 988.13	0.12	1.00	427 988.13	0.13	1.00	0.00%	0.00%	100.00%
10	10	404 884.28	1.50	10.99	404 884.28	1.60	10.98	0.00%	0.00%	100.00%
20	10	840 703.44	0.79	2.22	832 901.89	1.82	5.34	0.93%	37.00%	58.00%
20	15	708 138.93	1.17	2.86	678 211.86	13.68	37.97	4.23%	60.00%	36.00%
30	15	1 262 392.01	67.01	99.80	1 224 959.49	58.13	88.08	2.97%	70.00%	5.00%
30	20	1 153 389.46	112.49	249.76	1 030 395.09	166.36	297.41	10.66%	88.00%	0.00%
40	20	1 656 279.61	148.24	129.89	1 604 731.99	149.97	130.65	3.11%	70.00%	3.00%
50	25	3 062 886.09	222.08	225.14	3 018 015.12	298.41	210.32	1.46%	80.00%	0.00%

续表

需求点数量	数据中心候选点数量	既有算法			GRP算法			目标函数最优值改进率	GRP算法占优样本的比例	两种算法等效样本的比例
		目标函数最优值	计算时间	迭代次数	目标函数最优值	计算时间	迭代次数			
能力约束宽松										
10	5	426 022.20	0.14	1.00	426 022.20	0.14	1.00	0.00%	0.00%	100.00%
10	10	406 830.42	0.17	1.00	406 830.42	0.17	1.00	0.00%	0.00%	100.00%
20	10	817 413.87	0.35	1.11	817 173.95	0.35	1.11	0.03%	5.00%	95.00%
20	15	654 265.63	0.52	1.29	652 265.67	0.56	1.29	0.31%	14.00%	82.00%
30	15	1 252 847.55	13.58	15.29	1 206 053.18	15.45	15.15	3.74%	74.00%	8.00%
30	20	1 081 753.93	8.45	12.96	990 961.79	24.19	27.63	8.39%	90.00%	0.00%
40	20	1 584 513.32	233.18	140.99	1 468 572.42	256.81	152.82	7.32%	81.00%	8.00%
50	25	3 000 531.68	362.69	288.53	2 980 310.23	606.69	311.28	0.67%	59.00%	0.00%

对比 GRP 算法与既有算法的绩效，前者最多在 90%的样本中表现更好，综合成本最优值最多可以降低 13.87%。算法绩效随实例规模不同而变化。在实例规模较小时，GRP 算法与既有算法的求解效果大致相当，其绩效略优于既有算法。随着实例规模的增大，GRP 算法尽管求解问题花费的时间略长，但相比既有算法能获得质量更优的方案。算法绩效也受到数据中心能力约束（2.9e）紧张与否的影响。在数据中心能力约束紧张时，GRP 算法相比于既有算法具有更强的优化能力，即在更多算例上的求解效果较好。这表明，GRP 算法可能具有更稳健的求解能力。

第二项数值实验是与以遗传算法为代表的智能优化算法进行比较。

智能优化算法采用群体优化的思想，不受限于问题的结构特征，被广泛应用于混合整数非线性规划问题的求解。以标准遗传算法框架作为标杆，即在每次迭代中对种群进行交叉、变异和选择，以持续优化并在一定条件下得到最终解。

在数值实验中，遗传算法涉及参数为：初始种群数量设置为 200 个个体，种群以 0.9 的概率交叉、0.1 的概率变异，每次迭代选择适应度最好的个体保留，迭代次数设置为 1 000 次，当种群的平均适应度和最优个体的适应度相差小于 5%时认为达到收敛条件。仍然采取前述的参数设置、算例生成方法和计算次数。表 2.7 展示了计算结果。与 GRP 算法相比，数值实验中所采用的遗传算法在求解较大规模实例时所花费的时间更少。但 GRP 算法相较于该遗传算法，对目标函数的优化能力更强，所获最优值最高可改进 48.27%。这是由于 GRP 算法及其所运用的拉格朗日松弛框架充分利用了问题的结构特性。

表 2.7 与遗传算法的绩效比较

需求点数量	数据中心点数量	遗传算法		拉格朗日松弛算法		目标函数值改进程度
		求解时间	目标函数最优值	求解时间	目标函数最优值	
10	5	12.26	656 463.60	0.19	497 465.71	24.22%
10	10	39.02	664 130.92	0.25	488 222.94	26.49%
20	10	45.80	1 805 381.27	7.55	1 165 588.90	35.44%
20	15	93.16	1 824 214.44	9.91	1 288 078.76	29.39%
30	15	112.78	2 562 404.90	121.42	1 590 571.96	37.93%
30	20	99.88	2 650 633.40	188.52	1 371 173.47	48.27%
40	20	90.01	3 307 837.15	172.55	1 759 967.53	46.79%
50	25	137.48	5 827 573.00	400.48	3 078 275.25	47.18%

2.3 模式选择与跨模式比较

运用 GRP 算法分别求解问题 *PZ*、*PT* 和 *PG*，可得到各自模式下的优化方案以及包括直接成本、服务延迟成本、数据安全成本等在内的综合成本值。企业将选择 3 种模式中综合成本最小的一种。

2.3.1 算例与最优决策

以下通过一个数值算例分析企业分别选择自营、托管和购买 3 种模式时各自的综合成本，并给出企业的模式选择结论。该数值案例自营模式所使用的参数仍比照 Liang et al.（2021）的研究取值，托管和购买模式的特有参数则参考了天下数据中心和腾讯云等在实践中的报价。在实际计算中将各模式中的资源数值均转换为消耗电量以加强模式选择的可比性。

特别地，考虑到自营模式相较于托管模式所具有的排他性网络环境和独立基础设施等优势，以及托管模式相较于购买模式所具有的资源自我管理和独立硬件等优势，假设自营、托管和购买 3 种模式的安全事故发生概率间具有递增的随机序。在该数值案例中，三者分别为在 [0,0.25]、[0.1,0.35] 和 [0.2,0.5] 上依均匀分布的随机数。

此外，在开展模式选择时，需求点和数据中心候选点的空间分布可能影响结论。为消除这种模型外的地理位置因素的影响，假设需求点和数据中心候选点的位置均在 [0,200]×[0,200] 的平面上随机生成，且 3 种模式中这些点的空间分布完全等同。

按以上方式生成一个包括 40 个需求点和 15 个数据中心候选点的算例。此外，$b_{jk}=[2,1.5]$，运营周期 $\beta=1$，资源比例系数 $e_{lk}=\begin{bmatrix}1 & 1.5\\ 2 & 1\end{bmatrix}$。令 $\tau_{ij}=R_{ij}\times\sqrt{(x_i-x_j)^2+(y_i-y_j)^2}$，且 R_{ij} 在 [15,20] 区间上均匀取值。

表 2.8 展示了需求点参数取值。表 2.9、表 2.10 和表 2.11 分别展示了自营、托管和购买模式下的数据中心候选点参数取值。

表 2.8 需求点参数

序号	坐标 x	坐标 y	需求到达率	计算资源	存储资源	单位延迟成本	单位数据安全成本
1	141.29	11.79	76.04	63.82	61.62	58.34	4 339.29
2	46.13	168.58	85.50	30.72	33.76	56.74	3 075.04
3	67.18	33.87	120.79	41.40	38.45	58.87	3 979.36

续表

序号	坐标 x	坐标 y	需求到达率	计算资源	存储资源	单位延迟成本	单位数据安全成本
4	113.82	70.78	90.18	31.95	28.14	55.40	4 865.22
5	155.48	104.87	54.08	19.36	18.28	51.34	3 413.53
6	32.20	149.18	55.24	19.69	20.67	51.05	2 134.57
7	164.14	76.91	49.65	17.68	15.16	53.46	1 723.27
8	181.72	75.29	42.79	14.77	13.35	53.87	4 779.69
9	165.74	4.04	39.40	14.60	16.46	50.18	4 286.38
10	125.78	29.53	43.18	15.04	14.41	55.26	1 867.10
11	108.15	79.38	44.70	15.42	14.85	57.21	4 461.89
12	108.02	140.50	37.10	13.22	15.27	59.62	2 589.71
13	51.41	18.21	30.31	11.25	13.79	51.76	3 073.93
14	157.97	191.28	28.19	9.72	7.99	52.37	2 091.83
15	73.40	68.36	25.99	8.93	8.26	52.45	2 144.84
16	197.40	94.61	24.97	8.89	8.03	53.93	995.35
17	136.61	83.44	27.41	9.34	8.28	57.38	1 599.78
18	67.27	9.34	33.31	12.23	11.99	53.32	3 034.92
19	156.39	22.43	27.05	9.79	11.40	58.08	2 065.77
20	182.15	95.73	24.62	8.78	9.30	50.91	4 370.37
21	147.02	165.78	18.92	6.43	5.27	59.68	3 630.45
22	48.09	50.56	19.65	6.64	5.71	54.03	4 544.17
23	122.75	22.54	18.22	6.29	4.95	58.93	4 130.21
24	100.68	196.86	30.36	10.83	9.53	56.51	1 396.25
25	86.42	105.33	20.69	6.94	6.40	51.68	732.77
26	46.97	11.47	25.35	9.20	10.55	57.23	3 583.43
27	21.09	35.07	15.83	5.87	6.72	56.12	2 572.80
28	120.93	77.10	16.46	5.56	4.73	54.74	534.33
29	90.19	176.09	18.57	6.62	6.30	58.03	1 176.96
30	88.53	167.87	13.43	4.70	4.18	55.08	2 856.76
31	64.53	68.18	12.16	3.84	3.15	58.26	1 739.74

续表

序号	坐标 x	坐标 y	需求到达率	计算资源	存储资源	单位延迟成本	单位数据安全成本
32	49.29	83.22	12.50	4.43	4.51	57.39	3 461.95
33	93.65	140.58	12.16	3.84	3.15	58.34	3 866.23
34	60.97	145.17	7.29	2.56	1.76	56.62	3 859.62
35	94.02	134.24	14.22	5.07	4.74	51.96	2 595.74
36	145.93	104.26	8.27	2.98	2.79	58.21	2 369.24
37	113.90	155.88	8.41	2.80	2.74	58.48	4 120.12
38	29.71	190.50	5.79	2.05	1.93	55.69	1 260.13
39	98.95	95.77	13.19	4.65	3.38	54.47	1 273.73
40	137.54	126.22	6.08	2.26	2.33	58.25	2 662.43

表 2.9 自营模式数据中心候选点参数

序号	坐标 x	坐标 y	固定成本	电力上限	单位电价	计算资源运营费用	存储资源运营费用	安全事故发生概率
1	83.67	81.41	17 000	5 000.00	6.18	3.39	5.66	0.14
2	35.31	25.02	17 000	12 162.57	5.43	4.44	6.16	0.10
3	58.50	27.16	17 000	5 000.00	13.26	11.51	7.48	0.19
4	128.60	184.95	15 000	10 000.00	6.50	4.91	3.82	0.01
5	22.25	71.09	17 000	5 500.00	7.59	8.48	11.04	0.07
6	194.10	144.99	15 000	10 000.00	13.86	12.48	12.31	0.17
7	95.79	103.64	17 000	8 250.00	10.67	9.21	11.23	0.20
8	159.25	166.41	17 000	5 250.00	6.16	3.96	5.62	0.13
9	148.44	120.12	15 000	10 000.00	6.61	5.39	4.05	0.02
10	150.12	70.13	17 000	10 000.00	4.67	3.43	5.17	0.06
11	64.53	83.64	17 000	2 750.00	6.80	4.91	3.82	0.01
12	78.97	47.48	18 000	25 000.00	6.28	3.62	4.02	0.13
13	34.32	81.20	12 000	12 000.00	6.69	4.63	3.47	0.04
14	104.44	171.23	15 000	10 000.00	7.29	9.81	6.81	0.13
15	17.31	175.23	17 000	12 162.57	5.59	4.93	3.57	0.19

表 2.10 托管模式数据中心候选点参数

序号	坐标 x	坐标 y	固定成本	计算资源运营费用	存储资源运营费用	计算资源上限	存储资源上限	安全事故发生概率
1	83.67	81.41	6 178.30	13.16	12.28	6 255	5 067	0.29
2	35.31	25.02	7 093.45	12.83	11.12	7 851	6 184	0.10
3	58.50	27.16	7 722.09	20.57	17.45	7 434	7 437	0.15
4	128.60	184.95	6 791.15	13.16	13.77	7 867	5 777	0.18
5	22.25	71.09	5 657.69	16.452	12.95	6 056	4 248	0.28
6	194.10	144.99	4 308.43	20.58	17.75	4 684	3 116	0.20
7	95.79	103.64	4 420.24	20.57	20.18	6 948	7 303	0.28
8	159.25	166.41	5 052.20	12.94	9.55	5 888	3 246	0.20
9	148.44	120.12	6 621.49	13.16	10.35	6 313	5 230	0.17
10	150.12	70.13	4 954.78	11.825	13.48	3 454	5 666	0.15
11	64.53	83.64	5 580.13	14.47	14.42	6 067	6 271	0.21
12	78.97	47.48	3 035.76	13.16	6.68	6 365	5 179	0.20
13	34.32	81.20	10 083.48	14.465	8.44	8 873	6 168	0.28
14	104.44	171.23	13 124.96	14.81	12.74	7 891	7 395	0.28
15	17.31	175.23	13 220.57	12.83	8.75	7 748	8 283	0.24

表 2.11 购买模式数据中心候选点参数

序号	坐标 x	坐标 y	注册费	标准计算资源	标准存储资源	计算资源从量费率	存储资源从量费率	计算资源上限	存储资源上限	安全事故发生概率
1	83.67	81.41	1 788.03	100	100	9.77	17.14	4 000	4 309	0.25
2	35.31	25.02	1 811.00	100	100	19.89	17.14	9 254	8 146	0.22
3	58.50	27.16	1 212.44	50	50	19.89	17.14	7 046	6 609	0.28
4	128.60	184.95	1 148.69	50	80	19.89	17.14	7 683	5 944	0.40
5	22.25	71.09	1 383.60	80	80	19.89	21.43	2 903	2 994	0.46
6	194.10	144.99	1 650.50	100	100	19.89	21.43	8 916	5 496	0.39
7	95.79	103.64	1 610.00	100	100	19.89	21.43	7 244	8 824	0.25

续表

序号	坐标 x	坐标 y	注册费	标准计算资源	标准存储资源	计算资源从量费率	存储资源从量费率	计算资源上限	存储资源上限	安全事故发生概率
8	159.25	166.41	1 212.30	70	70	23.21	17.14	5 008	3 163	0.46
9	148.44	120.12	1 727.00	100	100	23.21	20.57	3 231	4 042	0.39
10	150.12	70.13	1 394.52	80	80	23.21	21.43	3 372	7 359	0.46
11	64.53	83.64	1 611.60	100	100	25.93	18.86	5 061	3 643	0.50
12	78.97	47.48	1 485.62	100	100	26.52	19.71	6 311	6 918	0.25
13	34.32	81.20	1 929.50	100	100	26.52	21.43	7 056	6 198	0.50
14	104.44	171.23	1 600.00	100	100	29.84	17.14	5 055	3 150	0.26
15	17.31	175.23	1 260.50	50	50	29.84	25.71	7 576	6 316	0.23

对该实例，自营、托管和购买 3 种模式的最优成本分别为 1 447 540.87、1 517 199.43 和 1 766 688.71，对应的数据中心启用决策和需求路由决策在图 2.1 中自左至右分别给出。

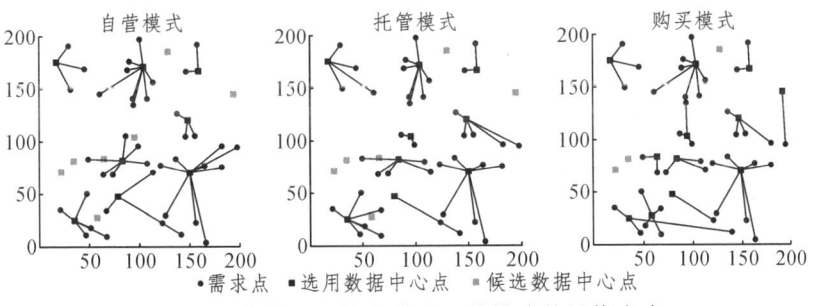

图 2.1　自营、托管和购买 3 种模式的最优方案

计算结果表明，该实例中的最优模式为自营模式。在 3 种模式中，数据中心启用决策和需求点路由决策各不相同。需求的一些特性会显著地影响需求点的分配策略而影响综合成本大小，进而影响最优服务模式的选择。

从图 2.1 中可以发现，自营模式的数据中心启用数量更少，单一数据中心处理的需求更多；而购买模式的数据中心开启数量较多，需求会就近分配到数据中心进行处理，托管模式介于两者之间。而受数据安全、延迟等因素的影响，某些需求会舍近求远分配到使综合成本更低的数据中心进行处理。虽然这种现象在3种服务模式中均存在，但在购买模式中更加显著。

2.3.2 敏感性分析

企业为满足自身数据中心服务需求而选择不同建设模式时受到与自身需求和数据中心候选点等有关的多种因素的影响。

以下将直接影响资源配置量的需求到达率、资源需求量作为一组，将影响服务响应质量的单位延迟成本和路阻系数、影响服务安全质量的单位安全成本和运营周期等分别作为一组，面向企业的数据中心建设模式选择，通过数值案例展示针对这些关键参数的敏感性分析。

此外，考虑到云服务购买费用的快速变化，以及国家"东数西算"战略对数据中心服务供给侧与需求侧的空间分布造成的影响和对购买模式的促进，将针对购买模式中云服务价格开展敏感性分析。

为提高计算效率，以下只讨论规模较小的算例，即由10个需求点和10个数据中心候选点构成的实例。表2.12展示了需求点参数取值。表2.13、表2.14和表2.15分别展示了自营、托管和购买模式下的数据中心候选点参数取值。

表 2.12 需求点参数

序号	坐标 x	坐标 y	需求到达率	计算资源需求量	存储资源需求量	单位延迟成本	单位安全成本
1	71.56	43.23	14.89	16.33	15.36	6.51	37.99
2	116.23	43.61	11.94	17.98	15.36	1.54	39.19
3	71.42	41.82	12.42	13.13	16.27	4.35	32.62
4	112.02	46.60	11.13	14.88	14.88	2.56	33.73
5	100.32	44.37	11.48	16.44	15.24	3.90	22.49
6	75.52	39.16	10.53	13.74	13.66	6.77	39.97
7	100.77	46.81	11.94	17.64	14.21	7.19	25.57
8	77.02	38.91	13.56	15.78	17.16	8.48	33.22
9	72.57	44.27	11.72	16.61	15.19	5.36	21.71
10	104.79	41.15	12.24	13.30	17.22	9.76	32.19

表 2.13 自营模式数据中心候选点参数

序号	坐标 x	坐标 y	固定成本	电力上限	单位电价	计算资源运营费用	存储资源运营费用	安全事故发生概率
1	97.34	32.82	17 000	12 162.57	5.43	5.65	5.61	0.03
2	106.75	34.89	17 000	12 162.57	5.59	7.13	7.97	0.29
3	80.07	33.18	20 000	10 000.00	6.46	6.07	6.02	0.02
4	95.87	41.25	25 000	15 000.00	7.29	5.92	5.88	0.28
5	82.86	31.58	10 000	10 000.00	6.18	4.23	4.53	0.22
6	85.99	34.78	10 000	10 000.00	6.38	5.19	5.76	0.15
7	81.54	35.91	12 000	12 000.00	6.69	5.22	5.80	0.03
8	95.31	36.23	10 000	7 000.00	5.23	5.72	5.32	0.02
9	87.38	36.50	10 000	10 000.00	6.15	5.48	5.44	0.02
10	121.18	45.59	12 000	12 000.00	6.28	6.56	6.52	0.16

表 2.14 托管模式数据中心候选参数

序号	坐标 x	坐标 y	固定成本	计算资源运营费用	存储资源运营费用	计算资源上限	存储资源上限	安全事故发生概率
1	97.34	32.82	8 997.00	20.57	20.57	9434	8 437	0.37
2	106.75	34.89	5 996.00	16.81	15.81	4500	6 700	0.30
3	80.07	33.18	3 250.00	12.57	12.87	3530	3 570	0.36
4	95.87	41.25	5 000.00	14.06	13.16	5888	4 246	0.32
5	82.86	31.58	6 567.14	16.16	13.22	7748	8 283	0.25
6	85.99	34.78	6 567.14	16.16	13.22	7748	8 283	0.24
7	81.54	35.91	5 107.69	15.66	17.25	4891	4 395	0.27
8	95.31	36.23	8 000.00	18.16	19.16	9040	10 950	0.23
9	87.38	36.50	5 800.00	15.08	15.08	4684	4 116	0.36
10	121.18	45.59	15 500.00	14.94	14.94	13 800	13 190	0.23

表 2.15 购买模式数据中心候选点参数

序号	坐标 x	坐标 y	注册费	标准计算资源	标准存储资源	计算资源从量费率	存储资源从量费率	计算资源上限	存储资源上限	安全事故发生概率
1	97.34	32.82	1 610.12	50	50	30.94	23.00	7 450	6 950	0.35
2	106.75	34.89	1 788.03	50	50	19.77	17.14	7 450	7 950	0.50
3	80.07	33.18	1 600.23	50	50	30.94	25.00	3 450	3 950	0.33
4	95.87	41.25	900.26	20	20	18.25	20.00	5 450	5 950	0.32
5	82.86	31.58	1 485.62	50	50	27.08	24.00	7 200	7 200	0.31
6	85.99	34.78	800.52	20	20	18.23	19.15	6 450	6 950	0.34
7	81.54	35.91	1 150.36	40	40	19.70	19.50	5 300	5 500	0.32
8	95.31	36.23	1 260.65	50	50	27.08	20.00	7 450	4 950	0.32
9	87.38	36.50	1 650.50	50	50	23.21	25.00	7 200	7 200	0.54
10	121.18	45.59	1 100.34	40	50	19.60	18.90	5 500	5 500	0.42

1. 需求到达率和需求资源量的影响

需求到达率表征了企业云服务数据中心需求的频率，而需求资源量表征了企业云服务数据中心需求的负荷，两者都会显著影响数据中心网络设计，进而影响模式选择。

针对这两类参数进行敏感性分析。保持其他参数不变，将区间[0,30]均匀分解为 10 个子区间，这些子区间分别对应了 10 类不同的需求到达率水平和 10 类不同的需求资源量水平；将这些需求到达率水平和需求资源量水平两两组合，一共得到 100 对区间组合；分别从每一对区间组合中均匀抽样，随机地获得需求到达率实现值和需求资源量实现值进行计算；针对每一对区间组合，如此反复抽样计算 100 次。计算结果如图 2.2 所示。

图 2.2 通过饼状图展示了在需求到达率水平和需求资源量水平两两组合得到的同一对区间组合大量算例中，3 种模式作为最优模式各自的占比。当需求到达率或资源需求量很低时，购买模式总是最优的；当两者都很高时，自营模式总是最优的；托管模式仅在一定中间情形下是最优的。

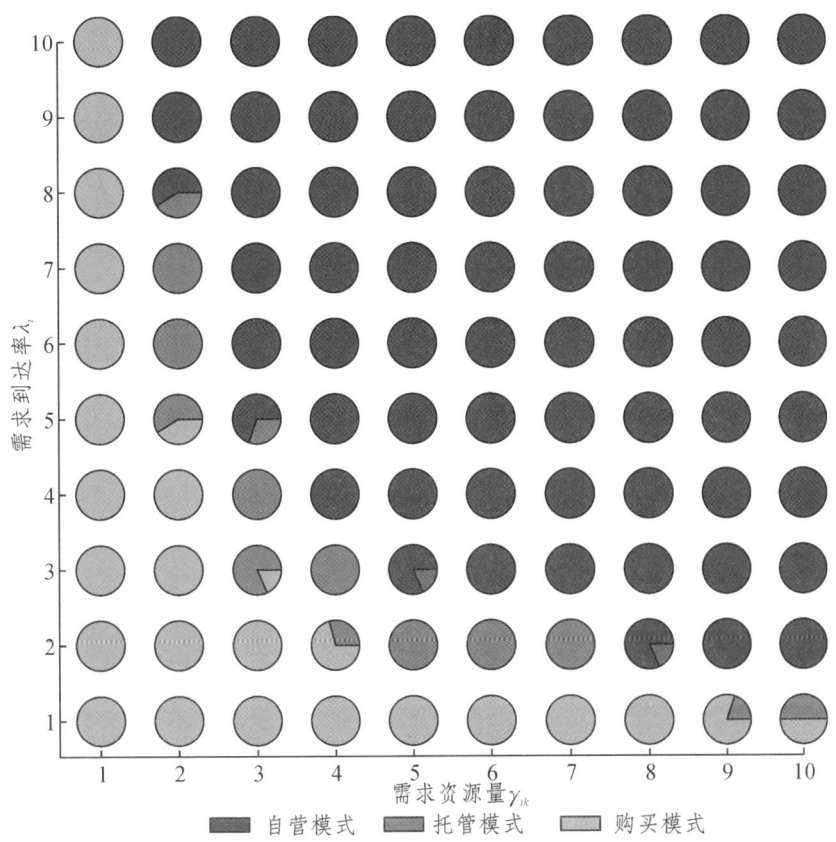

图 2.2 需求到达率和需求资源量变动时的最优服务模式

这些发现反映和解释了近年来随着数据业务的增加和对大数据分析能力的重视，企业由购买第三方服务转向自建自营数据中心的趋势；同时从考虑服务模式自身运营特性的角度对刘征驰等（2019）所获结论进行了补充，表明考虑这些特性后市场动态和均衡结构可能有所不同，值得继续深入探究。

进一步地，可以梳理需求到达率水平和需求资源量水平变动对各项成本的影响，从而明确它们影响企业云服务数据中心建设模式选择的内在机理。表 2.16 和表 2.17 分别选择需求到达率水平和需求资源量水平的典型分布区间，展示了所计算算例中各项成本的样本均值。

由表中数据可见,变动直接成本对需求到达率水平和资源需求量水平提升最为敏感。这是因为两者直接影响资源配置量,进而影响总成本与最优模式。在两者较低时,变动直接成本低且模式间差别不大,购买模式因固定投入少而有优势;较高时,变动直接成本高且模式间差别大,自营模式因该项成本增长相对缓慢、相对具有规模经济而有优势;托管模式则介于自营模式和购买模式之间。与刘征驰等(2019)的结论一致,数据中心建设模式选择受到边际变动成本的影响,且影响方向相同。

另一项发现是,外部延迟成本随着需求到达率水平的提升而增长较快,内部延迟成本则随着资源需求量水平的提升而增长较快。这表明,企业应当将高频率和高强度这两类高负荷需求加以区分,前者应就近处理而后者应提高资源配置。

需求到达率水平和资源需求量水平变动时,安全事故期望损失变动不大。

表 2.16 不同需求到达率水平下的各项成本

模式	到达率	固定直接成本	变动直接成本	内部延迟成本	外部延迟成本	安全事故期望损失
自营	U[0,3]	10 000.00	5 753.17	259.11	459.27	67.21
	U[12,15]	10 000.00	50 122.17	781.04	4 159.29	69.80
	U[27,30]	10 000.00	105 497.05	1 133.99	8 790.33	69.80
托管	U[0,3]	3 250.00	7 473.06	293.12	449.41	115.05
	U[12,15]	3 250.00	65 389.74	884.02	4 032.18	115.05
	U[27,30]	8 250.00	142 450.60	1 808.10	4 800.23	108.47
购买	U[0,3]	7 273.43	709.18	682.19	295.66	111.07
	U[12,15]	3 688.89	80 375.29	1 549.51	2 434.93	129.93
	U[27,30]	2 885.64	174 328.30	2 094.69	5 381.07	131.99

表 2.17 不同资源需求量水平下的各项成本

模式	资源需求量	固定直接成本	变动直接成本	内部延迟成本	外部延迟成本	安全事故期望损失
自营	U[0,3]	10 000.00	4 930.54	236.78	3 775.11	5.12
自营	U[12,15]	10 000.00	41 215.43	706.34	4 165.20	69.80
自营	U[27,30]	10 000.00	86 108.76	1 024.02	4 150.07	69.80
托管	U[0,3]	3 250.00	6 181.93	265.37	4 041.60	115.05
托管	U[12,15]	3 250.00	53 761.01	799.54	4 040.10	115.05
托管	U[27,30]	5 000.00	119 301.46	1 155.00	3 460.83	101.35
购买	U[0,3]	5 027.22	1 759.10	533.26	2 200.08	111.29
购买	U[12,15]	3 688.89	65 345.32	1 401.97	2 435.93	129.93
购买	U[27,30]	2 785.56	141 583.17	1 800.01	2 893.05	136.44

2. 单位延迟成本和路阻系数的影响

单位延迟成本表征了企业在满足自身数据中心需求时对响应速度的要求，该成本越高则企业对响应速度的要求越高。数据中心候选点与需求点之间的路阻系数则影响了数据中心外部的传输延迟，从而影响数据中心服务响应速度。这两类参数变化引起的模式选择迁移体现了响应质量的影响。

针对这两类参数进行敏感性分析。保持其他参数不变，将区间[0,500]均匀分解为 10 个子区间，这些子区间分别对应了 10 类不同的单位延迟成本水平和 10 类不同的路阻系数水平；将这些单位延迟成本水平和路阻系数水平两两组合，一共得到 100 对区间组合；分别从每一对区间组合中均匀抽样，随机地获得单位延迟成本实现值和路阻系数实现值进行计算；针对每一对区间组合，如此反复抽样计算 100 次。计算结果如图 2.3 所示。

图 2.3 通过饼状图展示了在单位延迟成本水平和路阻系数水平两两组合得到的同一对区间组合大量算例中，3 种模式作为最优模式各自的占比。随着单位延迟成本增加，最优模式从自营转变为托管再到购买，而较高的路阻系数会降低转换阈值。在网络传输速度较差的环境中，对于低延迟的

需要使购买模式成为市场主流模式，而随着网络传输环境越来越好，最优模式从购买转变为自营。

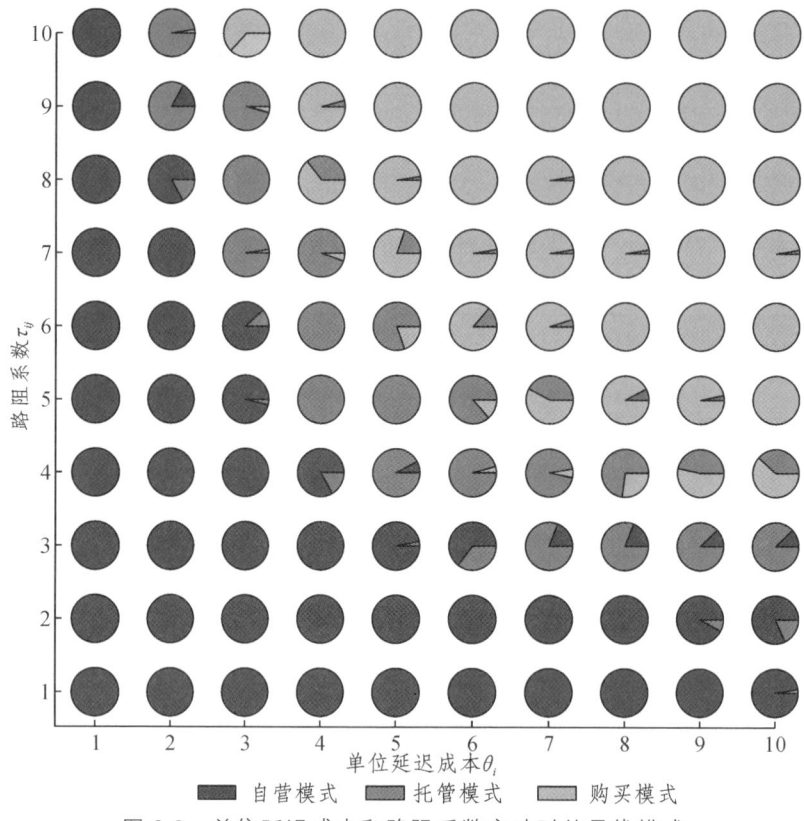

图 2.3 单位延迟成本和路阻系数变动时的最优模式

这些发现与我国数据中心建设回潮现象相互印证，即随着国家"提速降费"政策和高速互联网基础设施的普及，越来越多的企业自建数据中心以满足自身需求。另一个重要的管理洞察是，企业需要综合考虑当下网络传输环境和自身业务对于相应延迟的要求进行服务模式选择。

进一步地，可以梳理单位延迟成本水平和路阻系数水平变动对各项成本的影响，从而明确它们影响企业云服务数据中心建设模式选择的内在机理。表 2.18 和表 2.19 分别选择单位延迟成本水平和路阻系数水平的典型分布区间，展示了所计算算例中各项成本的样本均值。

表2.18 不同单位延迟成本水平下的各项成本

模式	单位内部延迟成本	固定直接成本	变动直接成本	内部延迟成本	外部延迟成本	安全事故期望损失
自营	U[0,50]	10 000.00	50 393.21	1 641.10	8 992.95	47.15
自营	U[250,300]	22 880.00	59 955.37	8 031.56	61 874.83	8.53
自营	U[450,500]	34 000.00	66 119.17	12 792.05	82 003.92	17.64
托管	U[0,50]	3 250.00	64 846.45	1 847.49	9 590.75	115.05
托管	U[250,300]	8 250.00	73 369.79	8 740.57	57 157.56	108.47
托管	U[450,500]	18 909.92	78 714.23	13 332.37	82 795.49	103.81
购买	U[0,50]	3 219.69	80 503.04	2 999.68	5 887.71	133.94
购买	U[250,300]	3 222.48	91 852.79	12 039.31	42 175.62	109.24
购买	U[450,500]	3 454.93	95 383.92	16 030.66	72 531.98	110.00

表2.19 不同路阻系数水平下的各项成本

模式	单位路阻系数	固定直接成本	变动直接成本	内部延迟成本	外部延迟成本	安全事故期望损失
自营	U[0,50]	10 000.00	52 077.41	3 639.93	4 591.66	52.98
自营	U[250,300]	11 360.00	53 595.10	3 883.41	49 342.44	8.55
自营	U[450,500]	23 440.00	57 605.48	5 471.05	58 431.38	8.21
托管	U[0,50]	3 250.00	66 956.92	4 103.85	5 043.27	115.05
托管	U[250,300]	8 250.00	70 692.69	5 882.75	31 774.61	108.47
托管	U[450,500]	8 250.00	70 693.58	5 883.85	54 803.87	108.47
购买	U[0,50]	1 651.72	83 830.64	4 838.33	4 474.44	140.62
购买	U[250,300]	3 168.84	88 149.32	8 080.52	23 322.74	109.06
购买	U[450,500]	3 485.41	87 931.96	8 234.49	40 456.34	110.11

由表中数据可见,单位延迟成本水平、路阻系数水平提升均会增大内部延迟成本和外部延迟成本。单位延迟成本水平提升将导致除数据安全成本外的所有成本项增加,但在不同模式下的增长速率不同。其中,自营模式的变动直接成本和内部延迟成本增长相对较缓慢,而固定直接成本和外部延迟成本则增长较快;购买模式的变动直接成本和内部延迟成本增长较快,而固定直接成本和外部延迟成本则增长较慢。

所观察到的现象背后的机理是,随着单位延迟成本水平的提升,一方面,企业可以启用更多的数据中心以就近处理自身需求来降低响应延迟。此时,自营模式下基础设施建设成本较高,购买模式下启用新数据中心的成本则相对较低。另一方面,企业可以配置更多的资源以获得更快的处理速度。此时自营模式下边际成本相对较低。也即,企业在不同建设模式下可能沿着不同的路径去降低网络响应延迟带来的困扰:在购买模式下,主要是启用更多的数据中心;在自建模式下,则主要是提升资源配置;在托管模式下,则可能介于购买模式和自建模式之间。

同时,外部延迟成本和固定直接成本会随着路阻系数水平的提升而增加。这一发现反映并解释了网络传输速度提升在数据中心网络建设中所带来的集中化和规模化趋势,为政府制定数据中心发展规划和企业制定战略提供了决策依据。

3. 数据安全成本的影响

数据安全成本表征了企业在满足自身数据中心需求时对安全生产的要求,该成本越高则企业对安全风险与事故的容忍度越低。

保持其他参数不变,将区间[0,8 000]均匀分解为10个子区间,这些子区间分别对应了10类不同的数据安全成本水平,分别从每一子区间中均匀抽样,随机地获得数据安全成本实现值进行计算。针对每一子区间,如此反复抽样计算100次。计算结果如图2.4所示。

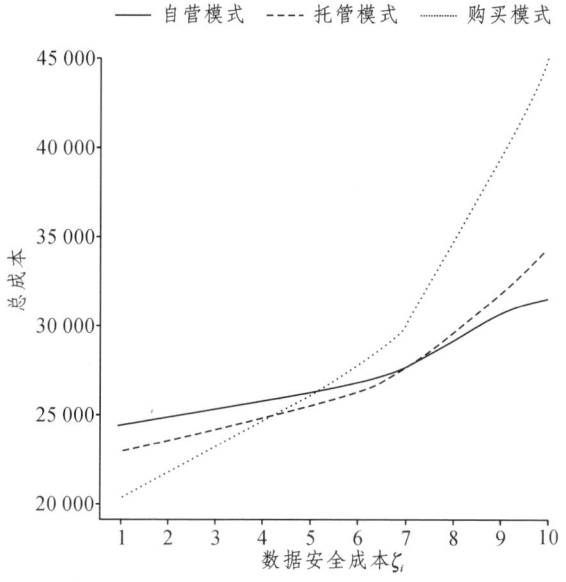

图 2.4 数据安全成本对数据中心网络建设总成本的影响

图 2.4 通过线图展示了数据安全成本变动时，基于各子区间中的大量算例所获得的 3 种模式各自的总成本平均值。随着数据安全成本水平的增长，3 种模式下的总成本都在增加。相对而言，在数据安全成本水平较低时，购买模式下的总成本最低；在数据安全成本水平适中时，托管模式下的总成本最低；在数据安全成本水平较高时，自建自营模式下的总成本最低。即随着数据安全成本水平的增长，企业根据总成本所选择的数据中心网络建设模式将由购买模式转向托管模式再转向自建模式。

这种模式转移背后的机理是，数据安全成本水平较高的需求将被分配到安全事故发生概率较低的数据中心进行处理，而自建自营模式下数据中心因其私有特征而往往具有更低的数据安全事故发生概率。因此，在数据安全成本水平较高时，企业的数据中心网络建设最优模式为自建自营模式；当数据安全成本水平不高时，使用成本和延迟成本的影响将凸显出来，从而共同决定数据中心网络建设的最优模式。

4. 运营周期的影响

运营周期的长度事实上表征了企业在满足自身数据中心需求时，在战略决策与运营决策之间需要进行的权衡。运营周期越长，则与战略决策相关的固定成本等对数据中心网络建设模式的影响越低。

保持其他参数不变，考虑运营周期自 1 逐步增长至 10，计算得到运营周期长度不同时数据中心网络在各建设模式下的总成本。计算结果如图 2.5 所示。

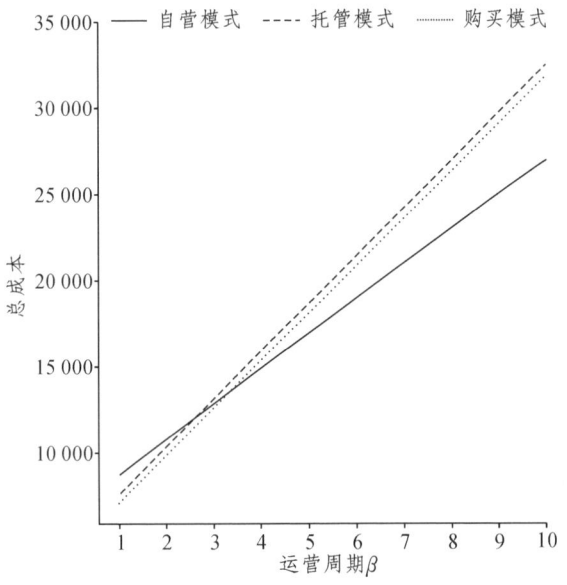

图 2.5 运营周期对数据中心网络建设总成本的影响

图 2.5 通过线图展示了运营周期长度变动时 3 种模式各自的总成本。随着运营周期增长，3 种模式下的总成本都在增加。相对而言，在运营周期较短时，购买模式下的总成本最低；在运营周期较长时，自建自营模式下的总成本最低；托管模式可作为购买模式和自建自营模式之间的过渡。随着运营周期的增加，企业根据总成本所选择的数据中心网络建设模式将由购买模式转向托管模式再转向自建自营模式。

运营周期对数据中心网络建设模式选择的影响比较直观。自建自营模式下的资产固定投资相对较大，但资源运营管理费用较低，因此在长期运营中具有优势。购买模式则有相对较轻的资产负担，其资源运营管理费用则相对较高，适合在短期内快速地满足企业需求。因此，总体而言，购买模式适应短周期项目的需求，具有更多的灵活性；自建自营模式则具有更重大的战略意义，对长期运营项目而言具有优势；托管模式属于前两种模式之间的过渡模式。

2.4 本章小结

关注企业对数据中心服务持续增长的需求，考虑企业可采用自建自营、委托代管和购买服务等多种模式以满足自身需求，解决了不同模式下企业针对数据中心选址、算力资源分配和供给需求路由的复合决策问题，研究了企业的最优建设模式选择。

在模型建立上，以综合成本为优化目标，以数据中心选址、算力资源分配和供给需求路由为决策，针对3种不同模式分别建立了混合整数规划模型。在既有文献基础上，系统化和细化了综合成本，将其分解为与获得数据中心服务有关的直接成本和与服务质量及安全有关的间接成本。前者包括基建、电力、算力、运营管理等项目，后者包括内部延迟、外部延迟和预期安全损失等项目。结合不同模式的特性，详细刻画了这些项目在各自模式中的具体形式，拓展了相关理论。

在算法设计上，在既有文献基础上设计了基于贪婪规则的疏解-汇集（GRP）算法，以更加有效和高效地求解所建立的优化问题。数值算例表明，相比于文献中的既有算法，该算法最多可在90%的样本中求得更优的综合成本值，降低所求得综合成本值最高达13.87%，且该算法在实例规模适中或较大时更具优势，也不会受到电力负荷约束紧张与否的影响。

基于数值算例的敏感性分析表明，自营自建模式在企业对数据中心服务需求的频率和强度都很高、高速互联网基础设施较好的情形中具有优势；

购买云服务模式则适合那些对数据中心服务的需求频率不高或强度不大的企业；委托代管模式则可被视为两者的过渡模式，在某些需求适中的情形下更具有优势。数值算例还建议企业区分高频率和高强度这两类高负荷需求，就近处理前者而通过提升资源配置来处理后者；建议处于网络传输速度不佳环境中的企业根据业务对响应延迟的敏感性来选择模式，通过购买模式满足需要快速响应的业务而通过自营满足不需要快速响应的业务；在网络传输较好的环境中，建议企业采取减少启用数据中心数量的集中化策略，即选择自营模式更为有利。这些管理启示为相关企业发展和政府制定规划提供了决策支持。

第3章 考虑中断风险的数据中心集群选址优化[①]

安全性和服务可靠性是企业为满足自身需求建设数据中心集群时需要考虑的重要因素。工业和信息化部在《新型数据中心发展三年行动计划（2021—2023年）》中将安全可靠保障行动列为重点任务之一，提出增强防火、防雷、防洪、抗震等保护能力，强化供电、制冷等基础设施系统的可用性，提高新型数据中心及业务系统整体的可靠性。

中断风险对数据中心集群建设是非常现实的威胁。例如，2023年11月12日，阿里云服务在华北、华东、华南及海外多个区域出现使用异常，波及企业级分布式应用服务等多项业务产品，历时近2小时才逐步恢复。表3.1列出了一些主要的中断风险。

表 3.1 数据中心云服务中断风险

中断原因	具体方式	代表事件
网络攻击、安全技术问题	网络、病毒攻击、数据窃取/丢失、篡改、泄露	勒索病毒蔓延
人为信息安全管理问题	rm-rf/*删除、没有应灾演练、权限管理无序	GitLab 删库事件
自然灾害事件	地震、洪灾、火灾、战争、城市建设	中国河南暴雨
其他问题	服务器、应用程序、操作系统、数据库等损坏	bilibili 服务器宕机

数据中心一旦宕机中断，必然影响企业所开展的业务及相应信息安全，造成业务停滞、经济损失、客户信任丧失等后果。因此，企业在设计规划数据中

[①] 部分内容曾录于：王丝宇. 考虑中断风险的数据中心集群选址优化研究[D]. 西南交通大学，2023.

心集群之初，就应当将中断风险和面向中断风险的灾备与应急管理考虑进来。

数据中心集群在遭遇中断事故后异常运营期间，所负担的成本与正常运营期间不同，还需额外承担业务中断机会成本、声誉损失成本，"剥夺"用户云计算服务造成的经济损失等，以及处理中断的成本，包括维修、重新购置设备、转接其他数据中心的费用等。

本章考虑随机事件导致的数据中心云计算服务中断事故，将应急管理决策和对应的成本纳入模型当中，面向数据中心集群全生命周期，得到综合成本最优的数据中心集群网络设计方案和应急管理方案。

3.1 防御结果确定的双模中断问题

考虑企业在多个不同点位有使用数据中心服务的需求。记所有需求点的集合为 $\mathcal{I} = \{1, 2, 3, \cdots, I\}$。各需求点的需求相互独立且不可分割。需求点 i 处的需求具有同质性，其按泊松分布随机到达，到达率为 λ_i 且不随时间发生变化。

企业将自建自营数据中心集群以满足云计算需求。记所有候选点的集合为 $\mathcal{J} = \{1, 2, 3, \cdots, J\}$。不失一般性，不考虑企业既有的数据中心服务。

为满足企业使用数据中心服务的需求，需要算力、存储等多种资源。记所有资源类型的集合为 $\mathcal{K} = \{1, 2, 3, \cdots, K\}$，需求点 i 对资源 k 的需求量为 r_{ik}。

企业所建设数据中心集群在其全生命周期内可能遭遇中断风险并发生中断事故。假设企业可采取一定的措施以应对风险，即对所建设的部分或全部数据中心通过技术手段进行提前防御或加固。本节将假设企业的防御措施可以有效地应对中断风险、规避中断事故，即防御结果确定；同时，考虑数据中心遭遇中断风险后只有不发生中断事故而服务完全不受影响、发生中断事故而服务完全中断两种情况。这种假设主要适用于企业所运营业务对稳定性和连续性要求不强、企业对灾备成本的支付意愿一般、中断事故发生和灾备措施效果相对可控和稳定的情形。

考虑数据中心集群在其全生命周期中不同时刻的状态。在某时刻，若数据中心集群中全部数据中心均能正常提供服务，则称此时集群处于正常

第 3 章　考虑中断风险的数据中心集群选址优化

运营状态；若至少有一个数据中心发生中断事故，则称此时集群处于异常运营状态。注意到，由于发生中断事故的数据中心可能不同，集群可能处于多个不同的异常运营状态。若数据中心集群处于正常运营状态，则所有需求从事先指定的数据中心处接受云服务；否则，由于发生中断事故的数据中心无法提供服务，需要将事先分配给它的需求重新分配至能够正常提供服务的其他数据中心，此时这些接受额外需求的数据中心仍将承担事先分配的需求。不考虑数据中心集群在正常运营状态和异常运营状态之间转移时，需求再分配所需要消耗的时间，即假设这种再分配是瞬时完成的。

考虑在数据中心集群全生命周期中，数据中心中断风险随机到达，并且这种到达服从泊松过程；同时，数据中心集群从异常运营状态恢复正常服务的时长服从指数分布。集群在正常运营状态和各异常运营状态之间的状态转移可以建模成为一个连续时间马尔可夫链。本章不展开叙述其细节，仅在数据中心集群设计的具体背景下考虑各状态相应的期望成本。图 3.1 概念化地展示了数据中心集群全生命周期中的状态转移。

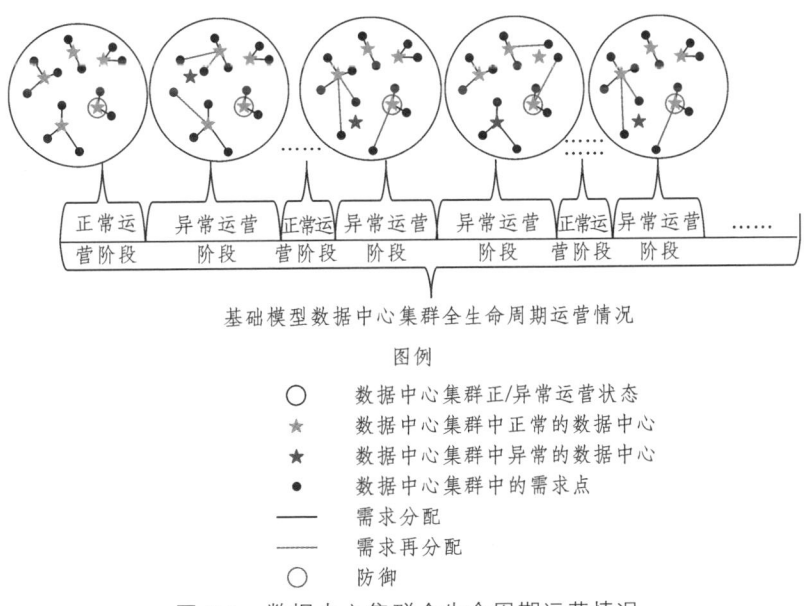

图 3.1　数据中心集群全生命周期运营情况

在决策期初，企业面临的决策如下：用 x_j 表示是否选择候选点 j，y_{jk} 表示在该点资源 k 的投入量，z_{ij} 表示是否通过该点向需求点 i 提供服务，h_j 表示是否在该点增强防御以确保不发生中断。

企业考虑其防御成本和收益等，不一定对数据中心集群中所有数据中心进行防御。记企业对数据中心 $j \in \mathcal{J}$ 进行防御时，其全生命周期防御成本为 β_j；若不防御，则全生命周期修复成本为 Φ_j。

此后将数据中心集群全生命周期归一化为 1。全生命周期包括起始点处的选址阶段和后续单位区间上的运营阶段，其中运营阶段又可分为正常运营和异常运营两种状态。为简化，不考虑多个数据中心同时发生中断的情形。根据发生中断事故而无法提供服务的数据中心的不同，异常运营状态至多有 J 种不同的实例。假设数据中心 $j \in \mathcal{J}$ 发生中断事故的概率为 P_j，即若企业不在该点增强防御以确保不发生中断，则第 j 种异常运营状态的发生概率为 P_j；若企业增强防御，则该种异常运营状态的发生概率为 0。记企业应急响应以修复数据中心 $j \in \mathcal{J}$ 直至恢复正常提供服务的期望时间为 γ_j，即数据中心集群在第 j 种异常运营状态的期望停留时间为 γ_j。于是，在数据中心集群的全生命周期中，正常运营状态期望总时间为 $1 - \sum_{j \in \mathcal{J}} \gamma_j (1-h_j) x_j P_j$，异常运营状态期望总时间为 $\sum_j \gamma_j (1-h_j) x_j P_j$。

在发生第 j 种异常运营状态时，企业还需要决策此种异常状态下的应急响应方案 s_{in}^j，即此时是否由剩余可用数据中心中的数据中心 n 来服务原来由数据中心 j 所服务的需求点 i。主要符号如表 3.2 所示。

表 3.2　主要符号

参数	描述
$\mathcal{I} = \{1,2,3,\cdots,I\}$	所有需求点的集合
$\mathcal{J} = \{1,2,3,\cdots,J\}$	所有候选数据中心的集合
$\mathcal{K} = \{1,2,3,\cdots,K\}$	所有资源类型的集合
$\mathcal{J}^j$	数据中心 $j \in \mathcal{J}$ 发生中断事故后剩余可用数据中心的集合

续表

参数	描述
f_j	候选数据中心 j 的固定投资额
c_j	候选数据中心 j 的电力容量上限
e_{kl}	在同一数据中心中资源 k 和资源 l 的配置数量比例上限
λ_i	需求点 i 的需求到达率
r_{ik}	需求点 i 处需求对资源 k 的单位需求量
U	全生命周期防御成本预算上限
α	考虑峰谷电耗的调节系数
γ_j	数据中心集群在第 j 种异常运营状态的期望停留时间
p_j	候选数据中心 j 处的单位电价
τ_{ij}	需求点 i 到数据中心 j 的单位网络传输延迟成本
θ_i	需求点 i 的单位延迟成本
w_k	单位资源 k 的峰值耗电量
β_j	候选数据中心 j 的防御成本
P_j	候选数据中心 j 遭遇随机事件概率
Φ_j	候选数据中心 j 遭遇随机事件中断修复成本

决策变量	描述
x_j	是否在候选点 j 处建立数据中心
y_{jk}	在数据中心 j 中资源 k 的投入量
z_{ij}	是否通过数据中心 j 向需求点 i 提供服务
h_j	是否对数据中心 j 进行防御
s_{in}^{j}	是否由数据中心 n 来应急服务原来由数据中心 j 所服务的需求点 i

决策变量中，x_j 为表示是否在候选点 j 处建立数据中心的 0-1 整数变量：建立数据中心 j 时 $x_j=1$；否则 $x_j=0$。y_{jk} 为表示在数据中心 j 处资源 k 的投入量的连续取值变量。z_{ij} 为表示是否通过数据中心 j 向需求点 i 提供服务的 0-1 整数变量：由数据中心 j 向需求点 i 提供服务时 $z_{ij}=1$；否则 $z_{ij}=0$。h_j 为表示是否对数据中心 j 进行防御的 0-1 整数变量：对数据中心 j 进行防御以确保不发生中断时 $h_j=1$；否则 $h_j=0$。s_{in}^j 为表示是否由数据中心 n 来应急服务原来由数据中心 j 所服务的需求点 i 的 0-1 整数变量：由数据中心 n 来应急服务时 $s_{in}^j=1$；否则 $s_{in}^j=0$。

3.1.1 模型

首先是数据中心建设的固定直接成本，一般包括在候选点建设数据中心所需要的土地、建筑物、电力系统、制冷系统、物理安防系统等工程建设费用，在服务器、人力资源等方面的固定费用等，以及如果进行防御而需要额外投入的安全架构、镜像设备、防护设备、灾难恢复设施等费用。这些成本是数据中心建设点位决策 $X=\{x_j|j\in\mathcal{J}\}$ 和防御决策 $H=\{h_j|j\in\mathcal{J}\}$ 的函数，记为 $C(X,H)$，其形式如下：

$$C(X,H)=\sum_{\mathcal{J}}f_j x_j+\sum_{\mathcal{J}}\beta_j h_j \tag{3.1}$$

式中，f_j 和 β_j 分别为数据中心 j 的固定投资额和全生命周期防御成本。

然后是数据中心处于正常运营状态时的变动成本，主要考虑以电力消耗为代表的能源消耗成本，以及由网络节点间传输延迟和数据中心内部处理延迟共同构成的服务延迟成本。

数据中心运营时需要消耗大量的电力用于维持计算资源以处理需求，同时通过风冷或水冷等多种形式散热也将消耗大量电力，电力消耗成本是数据中心运营成本的重要组成部分。与 Liang et al.（2021）的工作以及本书第 2 章类似，考虑到需求的波动性以及不同峰谷电价的影响，引入一个单一的峰谷电耗调节系数表征这些特征。

网络节点间传输延迟主要是需求数据通过网络协议在光纤中传输时，受传输点之间传输能力、传输距离、数据量、访问频率等因素影响而产生的等待时间。借鉴 Liang et al.（2021）等的研究，考虑各需求点与各候选数据中心间异质的单位网络传输延迟成本。

数据中心内部处理延迟主要是数据中心服务器内部处理需求时，受终端主机资源调度、需求响应机制、资源配置方式、不同的需求诉求、处理任务顺序等因素影响的等待时间。文献中通常采用排队论模型刻画该项成本。考虑到数据中心处理需求时的处理单元共享特征，借鉴 Liang et al.（2021）的工作，与本书第 2 章类似，运用针对服务台共享排队系统的经典结论来刻画处理延迟。

以上所考虑的数据中心处于正常运营状态时的各项变动成本之和是数据中心建设点位决策 $X=\{x_j|\ j\in\mathcal{J}\}$、各数据中心资源配置决策 $Y=\{y_{jk}|\ j\in\mathcal{J},k\in\mathcal{K}\}$、需求-数据中心指派决策 $Z=\{z_{ij}|\ i\in\mathcal{I},j\in\mathcal{J}\}$ 和防御决策 $H=\{h_j|\ j\in\mathcal{J}\}$ 的函数，记为 $R(X,Y,Z,H)$，其形式如下：

$$R(X,Y,Z,H) = \left(1 - \sum_{\mathcal{J}} \gamma_j (1-h_j) x_j P_j \right) \left(\alpha \sum_{\mathcal{J}} \sum_{\mathcal{K}} p_j w_k y_{jk} + \sum_{\mathcal{J}} \sum_{\mathcal{I}} \lambda_i \tau_{ij} z_{ij} + \sum_{\mathcal{J}} \sum_{\mathcal{K}} \frac{\sum_{\mathcal{I}} \theta_i \lambda_i r_{ik} z_{ij}}{y_{jk} - \sum_{\mathcal{I}} \lambda_i r_{ik} z_{ij}} \right)$$

（3.2）

式中，γ_j 是数据中心 $j\in\mathcal{J}$ 发生中断事故、数据中心集群在第 j 种异常运营状态的期望停留时间，P_j 是数据中心 $j\in\mathcal{J}$ 发生中断事故的概率，即 $1-\sum_{\mathcal{J}}\gamma_j(1-h_j)x_jP_j$ 是数据中心集群的全生命周期中正常运营状态期望总时间；α 是峰谷电耗调节系数，p_j 是数据中心 $j\in\mathcal{J}$ 处的单位电价，w_k 是资源 $k\in\mathcal{K}$ 的单位峰值耗电量，λ_i 是需求点 $i\in\mathcal{I}$ 处的需求到达率，τ_{ij} 是从需求点 $i\in\mathcal{I}$ 处到数据中心 $j\in\mathcal{J}$ 的单位网络传输延迟成本，θ_i 是需求点 i 处因服务响应延迟而产生的单位成本，r_{ik}是需求点i所发出需求对于资源k的需求量。

接下来考虑异常运营状态成本。不考虑多个数据中心同时发生中断的情形。不失一般性，若数据中心$l \in \mathcal{J}$发生中断事故、数据中心集群在第l种异常运营状态，企业将决策应急响应方案s_{ij}^l，即此时是否由剩余可用数据中心中的数据中心j来服务原来由数据中心l所服务的需求点i。

在异常运营状态下，仍需要考虑以电力消耗为代表的能源消耗成本，以及由网络节点间传输延迟和数据中心内部处理延迟共同构成的服务延迟成本。除此之外，还需要考虑已中断数据中心的修复费用，包括修复运行程序、系统漏洞和恢复数据、重新连接网络、切换数据备份、维修服务器、维修基础设施等费用。这些费用之和是数据中心建设点位决策$X = \{x_j | j \in \mathcal{J}\}$、各数据中心资源配置决策$Y = \{y_{jk} | j \in \mathcal{J}, k \in \mathcal{K}\}$、正常状态需求-数据中心指派决策$Z = \{z_{ij} | i \in \mathcal{I}, j \in \mathcal{J}\}$、防御决策$H = \{h_j | j \in \mathcal{J}\}$和异常状态指派决策$S = \{s_{ij}^l | i \in \mathcal{I}, j \in \mathcal{J}, l \in \mathcal{J}\}$的函数，记为$O(X,Y,Z,H,S)$，其形式如下：

$$O(X,Y,Z,H,S) = \sum_{\mathcal{J}} \gamma_l (1-h_l) x_l P_l \left(\alpha \sum_{\mathcal{J}^l} \sum_{\mathcal{K}} p_j w_k y_{jk} + \sum_{\mathcal{J}^l} \sum_{\mathcal{I}} \lambda_i \tau_{ij} (z_{ij} + s_{ij}^l) + \sum_{\mathcal{J}^l} \sum_{\mathcal{K}} \frac{\sum_{\mathcal{I}} \theta_i \lambda_i r_{ik} (z_{ij} + s_{ij}^l)}{y_{jk} - \sum_{\mathcal{I}} \lambda_i r_{ik} (z_{ij} + s_{ij}^l)} \right) + \sum_{\mathcal{J}} (1-h_j) x_j P_j \Phi_j$$

(3.3)

式中，除与$R(X,Y,Z,H)$相同的参数外，$\mathcal{J}^l$是数据中心$l \in \mathcal{J}$发生中断事故、数据中心集群处于第l种异常运营状态时可用数据中心的集合，s_{ij}^l是此种异常运营状态下的应急响应指派决策，即是否由数据中心j来应急服务原来由数据中心l所服务的需求点i，Φ_j是数据中心j遭遇随机事件发生中断后的全生命周期修复成本。

在前述分析基础上，对防御结果确定的双模中断问题，有以下优化问

题 (P) 。

$$(P)\min Z = \sum_{\mathcal{J}} f_j x_j + \sum_{\mathcal{J}} \beta_j h_j + \left(1 - \sum_{\mathcal{J}} \gamma_j (1-h_j) x_j P_j\right)$$

$$\left(\alpha \sum_{\mathcal{J}} \sum_{\mathcal{K}} p_j w_k y_{jk} + \sum_{\mathcal{J}} \sum_{\mathcal{I}} \lambda_i \tau_{ij} z_{ij} + \sum_{\mathcal{J}} \sum_{\mathcal{K}} \frac{\sum_{\mathcal{I}} \theta_i \lambda_i r_{ik} z_{ij}}{y_{jk} - \sum_{\mathcal{I}} \lambda_i r_{ik} z_{ij}}\right) +$$

$$\sum_{\mathcal{J}} \gamma_l (1-h_l) x_l P_l \left(\alpha \sum_{\mathcal{J}^l} \sum_{\mathcal{K}} p_j w_k y_{jk} + \sum_{\mathcal{J}^l} \sum_{\mathcal{I}} \lambda_i \tau_{ij} (z_{ij} + s_{ij}^l) + \right.$$

$$\left. \sum_{\mathcal{J}^l} \sum_{\mathcal{K}} \frac{\sum_{\mathcal{I}} \theta_i \lambda_i r_{ik} (z_{ij} + s_{ij}^l)}{y_{jk} - \sum_{\mathcal{I}} \lambda_i r_{ik} (z_{ij} + s_{ij}^l)}\right) + \sum_{\mathcal{J}} (1-h_j) x_j P_j \Phi_j$$

(3.4a)

s.t. $z_{ij} \leqslant x_j, \quad \forall i \in \mathcal{I}, j \in \mathcal{J}$ (3.4b)

$\sum_{\mathcal{J}} z_{ij} = 1, \forall i \in \mathcal{I}$ (3.4c)

$\sum_{\mathcal{J}^l} s_{ij}^l = z_{il}(1-h_l) x_l, \quad \forall i \in \mathcal{I}, \forall l \in \mathcal{J}$ (3.4d)

$h_j \leqslant x_j, \quad \forall j \in \mathcal{J}$ (3.4e)

$\sum_{\mathcal{J}} h_j \beta_j \leqslant U, \quad \forall j \in \mathcal{J}$ (3.4f)

$\sum_{\mathcal{I}} \lambda_i r_{ik} z_{ij} \leqslant y_{jk}, \quad \forall j \in \mathcal{J}, \forall k \in \mathcal{K}$ (3.4g)

$\sum_{\mathcal{I}} \lambda_i r_{ik} (z_{ij} + s_{ij}^l) \leqslant y_{jk}, \quad \forall l \in \mathcal{J}, \forall k \in \mathcal{K}, \forall j \in \mathcal{J}^l$ (3.4h)

$\sum_{\mathcal{K}} y_{jk} w_k \leqslant c_j, \quad \forall j \in \mathcal{J}$ (3.4i)

$y_{jk} \leqslant y_{jl} e_{kl}, \quad \forall j \in \mathcal{J}, \forall k,l \in \mathcal{K}$ (3.4j)

$x_j, z_{ij}, h_j, s_{ij}^l \in \{0,1\}, \quad \forall i \in \mathcal{I}, \forall l, i \in \mathcal{J}$ (3.4k)

$y_{jk} \geqslant 0, \quad \forall j \in \mathcal{J}, \forall k \in \mathcal{K}$ (3.4l)

式中,目标式(3.4a)为最小化数据中心集群全生命周期总成本;约束(3.4b)

表示只有建设并运营某数据中心后才能够在该处获得数据中心服务,约束(3.4c)表示所有需求点处的需求都必须得到满足,约束(3.4d)表示在已建设运营但未防御的数据中心发生中断事故时需要将其所服务的需求点应急分配至剩余可用数据中心以确保所有需求点处的需求仍可得到满足,约束(3.4e)表示只需要防御已建设运营的数据中心,约束(3.4f)表示全生命周期防御成本受到预算限制,约束(3.4g)和(3.4h)分别表示正常运营状态和异常运营状态下已建设运营且未中断的数据中心处配置的各项资源 y_{jk} 必须分别满足向其分配需求所要求的总资源量,约束(3.4i)表示在任一数据中心处配置的资源总耗能必须满足当地的电力负荷 c_j,约束(3.4j)表示在任一数据中心处配置的各项资源比例必须适当,约束(3.4k)和(3.4l)分别为决策变量的二进制约束和非负约束。

3.1.2 优化算法

在防御结果确定的双模中断问题中,异常运营状态至多有 J 种不同的实例。对其中每一种异常运营状态,均需要确定相应的需求点-数据中心应急指派决策 $S=\{s_{ij}^l|\ i\in\mathcal{I}, j\in\mathcal{J}, l\in\mathcal{J}\}$。为降低维数灾难对计算的影响,本节考虑将需求点-数据中心应急指派决策分解出来成为内层子问题,而外层主问题只确定数据中心建设点位决策 $X=\{x_j|\ j\in\mathcal{J}\}$、各数据中心资源配置决策 $Y=\{y_{jk}|\ j\in\mathcal{J}, k\in\mathcal{K}\}$、正常状态需求-数据中心指派决策 $Z=\{z_{ij}|\ i\in\mathcal{I}, j\in\mathcal{J}\}$、防御决策 $H=\{h_j|\ j\in\mathcal{J}\}$ 等,从而对优化问题 (P) 进行近似求解。

具体而言,本节在基于增强精英保留策略的多染色体遗传算法框架内分为两步近似求解优化问题 (P)。

第一步求解外层主问题。对数据中心建设点位决策 $X=\{x_j|\ j\in\mathcal{J}\}$、各数据中心资源配置决策 $Y=\{y_{jk}|\ j\in\mathcal{J}, k\in\mathcal{K}\}$、正常状态需求-数据中心指派决策 $Z=\{z_{ij}|\ i\in\mathcal{I}, j\in\mathcal{J}\}$、防御决策 $H=\{h_j|\ j\in\mathcal{J}\}$ 等进行遗传算法编码,生成初始种群或者经过迭代的新种群,并启发式地调整以满足约束,确定

相应决策值得到主问题的解。

第二步求解内层子问题。在第一步已求得其他决策变量的前提下，针对每一种异常运营状态，求解需求点-数据中心应急指派决策 $S=\{s_{ij}^l|\ i\in\mathcal{I}, j\in\mathcal{J}, l\in\mathcal{J}\}$。由于 X、Y、Z、H 均已确定，$O(X,Y,Z,H,S)$ 仅为 S 的函数，运用 Liang et al.（2021）所提出的线性化技术可将其线性化，并可进一步地运用 Gurobi 大规模数学规划优化器精确求解所得线性规划问题。于是，得到一组完整的可行解，进而代入目标函数计算相应的适应度。

在基于增强精英保留策略的多染色体遗传算法框架内，不断迭代优化种群，反复进行两步近似求解优化，直到满足预设的停止条件、终止迭代。

基于 Python 的 Geatpy 遗传算法工具箱实现算法，采用多染色体编码。一个个体包括数据中心建设点位决策 $X=\{x_j|\ j\in\mathcal{J}\}$、各数据中心资源配置决策 $Y=\{y_{jk}|\ j\in\mathcal{J}, k\in\mathcal{K}\}$、正常状态需求-数据中心指派决策 $Z=\{z_{ij}|\ i\in\mathcal{I}, j\in\mathcal{J}\}$、防御决策 $H=\{h_j|\ j\in\mathcal{J}\}$ 共 4 条染色体。对 X 和 H 采用 0-1 整数编码，分别表明是否建设和是否防御。对 Z 采用整数编码，表明需求点被指派到的数据中心建设点位。资源配置决策 Y 为大于零连续值且需满足数据中心建设当地的电力负荷约束 $\sum_{\mathcal{K}} y_{jk} w_k \leq c_j$ 即约束（3.4i）。根据该约束将 Y 离散化取值，即对任意的 $j\in\mathcal{J}$ 和 $k\in\mathcal{K}$，假设 y_{jk} 在区间 $[0, c_j/w_k]$ 上离散取值，如若按照低、中、高三级阶梯取值则 y_{jk} 取值分别为 0、$c_j/2w_k$、c_j/w_k。注意到，如此离散化后取得的资源配置决策 Y 可能并不满足约束 (3.4i)：很明显，若对任意的 $j\in\mathcal{J}$ 和 $k\in\mathcal{K}$ 都取 $y_{jk}=c_j/w_k$ 则必定无法满足约束；同时，此时的资源配置决策 Y 也可能不满足资源比例约束（3.4j）。因此，需要启发式地进行调整以满足该约束。在对资源配置决策 Y 离散化后，可对应进行整数编码，表明采用的阶梯等级。图 3.2 给出一个编码示例，其中有 3 个候选数据中心点位、3 个需求点、2 种云计算资源。

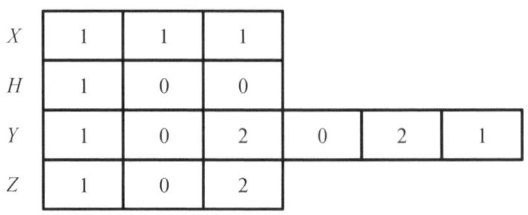

图 3.2　编码示例

具体而言，该编码示例表示：在候选点 1、2、3 处建设数据中心；只对数据中心 1 进行防御；对数据中心 1 的第 1 种资源配置为中档、第 2 种资源配置为低档，对数据中心 2 的第 1 种资源配置为高档、第 2 种资源配置为低档，对数据中心 3 的第 1 种资源配置为高档、第 2 种资源配置为中档；将需求点 1 处的需求指派到数据中心 2 处理，需求点 2 处的需求指派到数据中心 1 处理，需求点 3 处的需求指派到数据中心 3 处理。

在 Geatpy 工具箱中，根据种群编码方式、上下界设定等调用相应的低级种群染色体生成函数随机创建初始多染色体种群。将问题 (P) 的目标函数 (3.4a) 作为适应度函数。采用罚函数法将问题 (P) 转化为无约束问题，即若所得解不可行则令适应度函数为某极大值，使其成为劣解。当种群迭代次数达到预先设置的最大值后终止算法。

交替使用混合选择策略和纯轮盘赌选择策略进行种群迭代。其中，混合选择策略是一种将基于适应度排序的直接复制选择和轮盘赌选择相结合的策略。在使用该混合选择策略时，首先将当前种群一定比例的较优个体（如前 60%）适应度的均值与上代种群的对应值进行比较，若两者差大于可接受阈值，则保留当前种群中该比例的较优个体直接复制至下代，其余个体由轮盘赌选择得到；若两者差小于可接受阈值，则检查该均值在种群演化中已持续代数：若尚未达到控制阈值（如 5 代），则按照提升后的保留比例（如前 70%）保留当前种群中的较优个体直接复制至下代，其余个体由轮盘赌选择得到，否则在后续一定次数（如 3 代）的迭代中，完全采用轮盘赌选择方式获取后代个体。

若种群个体数量为偶数,则将种群分为两半,使前一半个体和后一半个体逐一配对;否则,除种群最后一个个体不参与外,将其余个体按此方式配对。配对后,采用两点交叉方式,以 0.7 的交叉概率进行基因交换。对采用 0-1 整数编码的决策变量 X 和 H,采用二进制变异算子并设置变异概率为 0.5。对采用整数编码的决策变量 Y 和 Z,采用基于 Breeder Genetic Algorithm(BGA)算法的突变算子(Mühlenbein & Schlierkamp Voosen,1993),并将变异概率设置为 0.5。

算法流程框架主要包括以下步骤:

(1)根据编码规则,针对外层主问题得到包含 N 个个体的初始种群,经启发式规则调整以尽可能地满足约束。

(2)对每个个体,采用 Gurobi 优化器求解所对应的内层子问题。

(3)聚合所得到的外层和内层问题的解,求得个体以及种群的适应度,记录最优个体、平均适应度等。

(4)判断当前种群是否满足停止条件,若满足则停止,否则继续迭代。

(5)从当前种群中选择母体,先后进行交叉和变异操作,并启发式地调整以尽可能地满足约束。

(6)对所得种群的每个个体,采用 Gurobi 优化器求解对应的内层子问题,聚合所得到的外层和内层问题的解,求得个体适应度。

(7)将所得种群与父代种群合并,从合并后的种群中选择得到包含 N 个个体的新种群,记录最优个体、平均适应度等。

(8)回到第(4)步。

在采用启发式规则调整多染色体遗传算法中的个体时,首先调整数据中心资源配置决策 $Y = \{y_{jk} | j \in \mathcal{J}, k \in \mathcal{K}\}$,主要是调低所配置的个别资源量使之满足资源比例约束 (3.4j);然后调整数据中心建设点位决策 $X = \{x_j | j \in \mathcal{J}\}$,主要是将资源配置量为 0 点位的建设决策调整为 0;接下来调整各数据中心资源配置决策 $Y = \{y_{jk} | j \in \mathcal{J}, k \in \mathcal{K}\}$ 和防御决策 $H = \{h_j | j \in \mathcal{J}\}$,主要是将建设决策为 0 点位的资源配置决策和防御决策全

部调整为 0；接下来调整正常状态需求-数据中心指派决策 $Z=\{z_{ij}|\ i\in\mathcal{I},j\in\mathcal{J}\}$，主要是将分配至不建设点位的需求随机调整至建设点位；接下来随机选取一部分个体，采用 Gurobi 优化器求解最优资源配置并相应调整 Y，对无可行解和未被选中的个体则基于贪婪规则启发式地调整 Y 使之满足约束（3.4g）和（3.4j）；若当前个体此时已满足所有约束则加入当前种群，否则放弃当前个体并重新生成新的个体。若在预先设定的时间限内，经启发式调整后当前种群中的个体已全部可行则结束并进入后续步骤；否则，不再调整，进入后续步骤。

3.1.3 算法绩效

基于 Python 3.8 及遗传算法工具箱 Geatpy 2.5 实现算法并进行计算。使用 Gurobi 9.1.2 版本的优化器。硬件环境包括主频为 2.5GHz 的 Intel core i5-7200u 处理器和容量为 4GB 的内存。

首先运用部分枚举算法获得小规模问题最优解作为绩效基线。仍将优化问题（P）分为外层主问题和内层子问题逐层求解，其中，外层主问题确定数据中心建设点位决策 $X=\{x_j|\ j\in\mathcal{J}\}$、各数据中心资源配置决策 $Y=\{y_{jk}|\ j\in\mathcal{J},k\in\mathcal{K}\}$、正常状态需求-数据中心指派决策 $Z=\{z_{ij}|\ i\in\mathcal{I},j\in\mathcal{J}\}$、防御决策 $H=\{h_j|\ j\in\mathcal{J}\}$ 等，内层子问题确定需求点-数据中心应急指派决策 $S=\{s_{ij}^l|\ i\in\mathcal{I},j\in\mathcal{J},l\in\mathcal{J}\}$。在将资源配置决策 Y 离散化后，外层主问题是可被枚举的；离散化的精细程度将影响需要枚举的可行解数量。逐一枚举外层主问题所有的可行解，并对每一组解都运用 Gurobi 优化器求解相应的内层子问题。枚举完成后可得到优化问题（P）的全局最优解。

考虑由 3 个需求点、3 个候选数据中心、2 类资源（计算资源和存储资源）构成的小规模算例。参考 Liang et al.（2021）等文献设置算例参数。其中，候选数据中心 j 的固定投资额 f_j、候选数据中心 j 的电力容量上限 c_j、资源 k 和资源 l 的配置数量比例上限 e_{kl}、需求点 i 的需求到达率 λ_i、需

求点 i 处需求对资源 k 的单位需求量 r_{ik}、考虑峰谷电耗的调节系数 α、候选数据中心 j 处的单位电价 p_j、单位资源 k 的峰值耗电量 w_k 等与该文献一致；需求点 i 的单位延迟成本 θ_i、需求点 i 到数据中心 j 的单位网络传输延迟成本 τ_{ij} 等比照该文献，分别随机生成；数据中心集群在第 j 种异常运营状态的期望停留时间 γ_j、全生命周期防御成本预算上限 U、候选数据中心 j 的防御成本 β_j、候选数据中心 j 遭遇随机事件概率 P_j、候选数据中心 j 遭遇随机事件中断修复成本 Φ_j 等比照 Ponemon Institute（2016）设置并随机生成。

表 3.3 ~ 表 3.5 展示了算例的部分数据。

表 3.3 需求点数据

	需求点 1	需求点 2	需求点 3
坐标	(84.42,33.76)	(71.56,43.23)	(74.76,40.22)
需求到达率 λ_i	44.7	6.08	39.4
计算资源单位需求量 r_{i1}	15.42	2.26	14.6
存储资源单位需求量 r_{i2}	14.85	2.33	16.46
单位延迟成本 θ_i	41.52	55.25	60.32

表 3.4 候选数据中心数据

	候选点 1	候选点 2	候选点 3
坐标	(120.96,44.34)	(82.86,31.58)	(119.65,36.75)
固定投资额 f_j	17 000	10 000	15 000
单位电价 p_j	6.28	6.18	13.86
遭遇随机事件概率 P_j	0.87	0.4	0.64

表 3.5 单位网络传输延迟成本数据

	需求点 1	需求点 2	需求点 3
数据中心候选点 1	2.786	337.42	286.56
数据中心候选点 2	6.677	68.84	25.05
数据中心候选点 3	18.86	53.16	281.1

此外，考虑峰谷电耗的调节系数 α 为 0.8，计算资源和存储资源相互的配置数量比例上限为 1.5 和 2、各自的峰值耗电量均为 1。全生命周期防御成本预算上限为 9 020.67。将资源配置决策 Y 按前述方法离散化为 3 档。

为更好地考察算法在不同参数环境中的绩效，进一步地将电力容量上限 c_j 分别在区间[3 000, 5 000]、[5 000, 10 000]和[10 000, 15 000]上随机生成，以分别对应供电能力紧张、适中、宽松等 3 种不同情形；将防御成本 β_j、修复成本 Φ_j 分别在区间[100, 500]、[500, 5 000]和[5 000, 10 000]上随机生成，以分别对应企业对防御成本支付意愿的低、中、高等 3 种不同情形和数据中心中断严重程度的低、中、高等 3 种不同情形。于是，一共有 27 种不同的参数环境。

针对每一种参数环境各随机生成 100 个算例，一共得到 2 700 个算例。设置基于增强精英保留策略的多染色体遗传算法中的种群规模为 200、最大迭代次数为 50。表 3.6 展示了从每种参数环境中随机选取的 1 个算例计算结果。

表 3.6　小规模算例中的算法绩效

序号	防御成本	修复成本	电力容量上限	本节算法 最优值	本节算法 计算时间	部分枚举算法 最优值	部分枚举算法 计算时间	节省时间
1	低	低	紧张	40 395.9	543.687 8	40 395.9	1 843.546	70.51%
2	低	低	适中	48 554.16	738.723 8	48 554.16	1 782.588	58.56%
3	低	低	宽松	68 177.02	797.468 5	68 177.02	1 794.843	55.57%
4	低	中	紧张	37 153.98	583.440 6	37 153.98	1 708.406	65.85%
5	低	中	适中	57 462.12	885.831 3	57 462.12	1 940.818	54.36%
6	低	中	宽松	111 385.7	1 167.104	111 385.7	1 822.448	35.96%
7	低	高	紧张	38 104.7	1 072.314	38 104.7	1 406.117	23.74%
8	低	高	适中	52 033.6	875.434 9	52 033.6	1 518.43	42.35%
9	低	高	宽松	65 667.91	151.131 2	65 667.91	1 662.404	90.91%

续表

序号	防御成本	修复成本	电力容量上限	本节算法		部分枚举算法		节省时间
				最优值	计算时间	最优值	计算时间	
10	中	低	紧张	36 462.38	392.585 6	36 462.38	1 478.604	73.45%
11	中	低	适中	44 882.73	182.745 6	44 882.73	779.558 5	76.56%
12	中	低	宽松	84 092.24	181.243 6	84 092.24	1 487.735	87.82%
13	中	中	紧张	40 272.38	181.110 4	40 272.38	1 602.819	88.70%
14	中	中	适中	64 554.87	612.055 7	64 554.87	1 773.027	65.48%
15	中	中	宽松	64 855.83	186.701 3	64 855.83	1 574.19	88.14%
16	中	高	紧张	28 448.81	187.816	28 448.81	1 496.977	87.45%
17	中	高	适中	54 223.02	186.739 7	54 223.02	2 201.885	91.52%
18	中	高	宽松	151 820.7	248.552 4	151 820.7	2 025.895	87.73%
19	高	低	紧张	92 216.42	297.106 9	92 216.42	1 637.793	81.86%
20	高	低	适中	120 890.2	196.644 9	120 890.2	2 001.85	90.18%
21	高	低	宽松	132 843.8	189.114	132 843.8	2 019.932	90.64%
22	高	中	紧张	76 648.73	190.556 8	76 648.73	1 986.722	90.41%
23	高	中	适中	90 846.26	251.277 5	90 846.26	2 040.485	87.69%
24	高	中	宽松	131 706.4	193.604 8	131 706.4	2 036.757	90.49%
25	高	高	紧张	75 166.81	192.332 9	75 166.81	2 180.504	91.18%
26	高	高	适中	91 343.51	193.214 4	91 343.51	2 048.355	90.57%
27	高	高	宽松	97 105.71	152.120 7	97 105.71	2 595.422	94.14%

如表 3.6 所示，在所选取的全部算例中，本节所提出的在基于增强精英保留策略的多染色体遗传算法框架内的两步近似求解算法，相比于作为基准的部分枚举算法，都可以在更短的时间内找到全局最优精确解，节省时间最高可达 94.14%。更进一步，在全部 2 700 个算例中，该算法均可以更快速地找到全局最优精确解或者发现无可行解的算例。

接下来在大规模算例上验证算法绩效。考虑由 I 个需求点、J 个候选数据中心、2 类资源（计算资源和存储资源）构成的大规模算例，算例参数设置方式与小规模算例类似。其中，从 Liang et al.（2021）所给需求点和候选数据中心中分别随机选取 I 个和 J 个点位相应的数据；全生命周期防御成本预算上限 U、防御成本 β_j、修复成本 Φ_j 均在区间 [100, 10 000] 上随机生成；将资源配置决策 Y 按前述方法离散化为 6 档。设置基于增强精英保留策略的多染色体遗传算法中的种群规模为 400、最大迭代次数为 80。

表 3.7~表 3.9 展示了一个包含 10 个需求点、10 个候选数据中心的算例的部分数据。其中，表 3.9 的行对应需求点、列对应候选数据中心。

表 3.7 需求点数据

序号	坐标	需求到达率 λ_i	单位延迟成本 θ_i	计算资源单位需求量 r_{i1}	存储资源单位需求量 r_{i2}
1	(84.55,42.71)	42.79	18.63	14.77	13.35
2	(105.95,35.68)	8.41	62.31	2.8	2.74
3	(93.1,44.95)	24.62	27.65	8.78	9.3
4	(111.93,40.78)	14.22	7.5	5.07	4.74
5	(123.02,44.92)	18.57	51.17	6.62	6.3
6	(76.5,38.97)	27.05	66.41	9.79	11.4
7	(77.47,37.53)	37.1	3.22	13.22	15.27
8	(89.64,39.78)	55.24	62.87	19.69	20.67
9	(77.02,38.91)	33.31	17.49	12.23	1.99
10	(116.23,43.61)	7.51	34.91	2.58	2.18

表 3.8 候选数据中心数据

序号	坐标	固定投资额 f_j	单位电价 p_j	电力容量上限 c_j	遭遇随机事件概率 P_j
1	(95.87,41.25)	25 000	7.29	15 000	0.58
2	(120.96,44.34)	17 000	6.28	12 162.57	0.46
3	(96.78,32.78)	17 000	5.43	8 832.5	0.59
4	(81.9,35.46)	17 000	6.69	12 162.57	0.71
5	(87.38,36.5)	10 000	6.15	10 000	0.2
6	(74,40)	17 000	10.67	8 250	0.33
7	(84.42,33.76)	17 000	6.18	5 000	0.58
8	(97.75,30.27)	17 000	5.43	2 840	0.97
9	(95.38,29.75)	17 000	5.43	3 178	0.37
10	(95.31,36.23)	7 000	5.23	7 000	0.23

表 3.9 单位网络传输延迟成本数据

序号	1	2	3	4	5	6	7	8	9	10
1	13.72	73.37	22.19	10.08	8.51	10.97	11.46	42.54	33.75	6.27
2	11.29	153.92	52.43	195.82	158.67	209.27	98.08	10.39	113.96	11.57
3	12.62	16.20	52.36	2.61	37.25	4.61	4.58	8.98	45.51	45.47
4	6.91	2.30	0.94	7.50	2.31	23.87	25.46	2.71	22.96	2.62
5	104.32	8.83	183.00	136.75	209.97	316.73	70.58	99.77	54.78	114.54
6	70.26	121.29	206.68	35.53	97.88	4.50	46.00	84.47	103.19	121.47
7	7.23	1.25	9.47	0.86	0.82	1.49	3.02	7.64	7.13	4.45
8	3.76	14.72	29.29	59.14	31.08	25.28	34.27	111.42	53.83	48.10
9	7.46	92.09	43.61	5.63	16.25	0.64	20.00	27.24	56.75	34.14
10	21.50	18.09	79.48	72.03	136.19	85.07	169.46	98.48	64.22	39.40

此外，考虑峰谷电耗的调节系数 α 为 0.8，计算资源和存储资源相互的配置数量比例上限为 1.5 和 2、各自的峰值耗电量均为 1。全生命周期防御成本预算上限为 6 823.25。

表 3.10 和表 3.11 给出了 Liang et al.（2021）所提供的需求点和候选数据中心数据以便于读者查阅。

表 3.10　文献 Liang et al.（2021）中的需求点数据

序号	x 坐标	y 坐标	需求到达率 λ_i	计算资源单位需求量 r_{i1}	存储资源单位需求量 r_{i2}
1	121.47	38.57	176.04	63.82	61.62
2	73.8	42.67	85.5	30.72	33.76
3	97.75	30.31	120.79	41.4	38.45
4	84.28	30.46	90.18	31.95	28.14
5	76.88	40.28	54.08	19.36	18.28
6	89.64	39.78	55.24	19.69	20.67
7	82.99	39.99	49.65	17.68	15.16
8	84.55	42.71	42.79	14.77	13.35
9	74.76	40.22	39.4	14.6	16.46
10	78.66	35.82	43.18	15.04	14.41
11	84.42	33.76	44.7	15.42	14.85
12	77.47	37.53	37.1	13.22	15.27
13	71.02	42.34	30.31	11.25	13.79
14	86.15	39.78	28.19	9.72	7.99
15	92.19	38.57	25.99	8.93	8.26
16	89.39	43.08	24.97	8.89	8.03
17	86.78	36.17	27.41	9.34	8.28
18	122.89	47.04	33.31	12.23	11.99

续表

序号	x 坐标	y 坐标	需求到达率 λ_i	计算资源单位需求量 r_{i1}	存储资源单位需求量 r_{i2}
19	76.5	38.97	27.05	9.79	11.4
20	93.1	44.95	24.62	8.78	9.3
21	91.13	30.45	18.92	6.43	5.27
22	86.28	32.35	19.65	6.64	5.71
23	84.87	38.19	18.22	6.29	4.95
24	112.07	33.54	30.36	10.83	9.53
25	80.89	34.04	20.69	6.94	6.4
26	104.87	39.77	25.35	9.2	10.55
27	72.68	41.77	15.83	5.87	6.72
28	97.51	35.47	16.46	5.56	4.73
29	123.02	44.92	18.57	6.62	6.3
30	93.62	41.58	13.43	4.7	4.18
31	90.21	32.32	11.7	3.65	3.09
32	95.69	39.04	12.5	4.43	4.51
33	92.35	34.72	12.16	3.84	3.15
34	81.63	38.35	7.29	2.56	1.76
35	111.93	40.78	14.22	5.07	4.74
36	96.69	40.82	8.27	2.98	2.79
37	105.95	35.68	8.41	2.8	2.74
38	69.73	44.33	5.79	2.05	1.93
39	119.74	39.15	13.19	4.65	3.38
40	71.56	43.23	6.08	2.26	2.33
41	116.23	43.61	7.51	2.58	2.18

续表

序号	x 坐标	y 坐标	需求到达率 λ_i	计算资源单位需求量 r_{i1}	存储资源单位需求量 r_{i2}
42	71.42	41.82	4.57	1.65	1.68
43	112.02	46.6	4.49	1.56	1.54
44	100.32	44.37	3.68	1.3	1.17
45	75.52	39.16	4.16	1.47	1.43
46	100.77	46.81	3.27	1.16	1.05
47	77.02	38.91	33.31	12.23	11.99
48	72.57	44.27	2.72	0.98	1.12
49	104.79	41.15	2.63	0.91	0.75

表 3.11　文献 Liang et al.（2021）中的候选数据中心数据

序号	x 坐标	y 坐标	电力容量上限 c_j	单位电价 p_j	固定投资额 f_j
1	84.42	33.76	5 000	6.18	17 000
2	97.75	30.27	2 840	5.43	17 000
3	71.06	42.43	5 000	13.26	17 000
4	87.7	41.87	6 250	6.5	17 000
5	96.78	32.78	8 832.5	5.43	17 000
6	104.98	39.72	5 500	7.59	17 000
7	95.38	29.75	3 178	5.43	17 000
8	118.37	34.08	4 500	13.86	17 000
9	74	40	8 250	10.67	17 000
10	73.92	40.73	5 250	6.16	17 000
11	76.03	36.73	10 250	6.61	17 000
12	122.48	47.7	10 000	4.67	17 000

续表

序号	x 坐标	y 坐标	电力容量上限 c_j	单位电价 p_j	固定投资额 f_j
13	112.08	33.05	2 750	6.8	17 000
14	122.43	37.77	4 250	13.86	17 000
15	120.96	44.34	12 162.57	6.28	17 000
16	81.9	35.46	12 162.57	6.69	17 000
17	93.53	41.65	12 162.57	7.29	17 000
18	97.34	32.82	12 162.57	5.43	17 000
19	106.75	34.89	12 162.57	5.59	17 000
20	80.07	33.18	10 000	6.46	20 000
21	95.87	41.25	15 000	7.29	25 000
22	82.86	31.58	10 000	6.18	10 000
23	85.99	34.78	10 000	6.38	10 000
24	81.54	35.91	12 000	6.69	12 000
25	95.31	36.23	7 000	5.23	7 000
26	87.38	36.5	10 000	6.15	10 000
27	121.18	45.59	12 000	6.28	12 000
28	123.14	45.06	25 000	6.28	18 000
29	83.23	40.04	10 000	6.71	15 000
30	77.44	39.01	10 000	6.61	15 000
31	119.65	36.75	10 000	13.86	15 000
32	98.5	29.42	10 000	5.43	15 000
33	87.7	41.87	10 000	6.5	15 000
34	93.66	41.66	10 000	7.29	15 000
35	121.85	37.33	10 000	13.86	15 000
36	77.46	38.99	10 000	6.61	15 000

表 3.12 展示了针对 100 个随机生成的大规模算例各计算 5 次的算法绩效。其中，平均误差为 5 次计算中各次计算结果相对于最优结果偏差比例的平均值。随着算例规模的增大，算法的平均误差将会增大。在所计算的算例中，平均误差基本在 5%以内。

表 3.12 大规模算例中的算法绩效

算例规模	算例序号	计算结果					平均误差
		1	2	3	4	5	
5×10	1	77 059.38	77 059.38	77 059.38	77 059.38	77 059.38	0.0%
	2	161 182.80	161 182.80	161 182.80	161 182.80	161 182.80	0.0%
	3	74 980.99	74 980.99	74 980.99	74 980.99	74 980.99	0.0%
	4	55 966.12	55 966.12	55 966.12	55 966.12	55 966.12	0.0%
	5	111 512.61	111 512.61	111 512.61	111 512.61	111 512.61	0.0%
	6	116 249.97	116 249.97	116 249.97	116 249.97	116 249.97	0.0%
	7	82 460.60	82 460.60	82 460.60	82 460.60	82 460.60	0.0%
	8	75 923.88	75 923.88	75 923.88	75 923.88	75 923.88	0.0%
	9	35 204.38	35 204.38	35 204.38	35 204.38	35 204.38	0.0%
	10	99 053.42	99 053.42	99 053.42	99 053.42	99 053.42	0.0%
	11	141 540.54	141 540.54	141 540.54	141 540.54	141 540.54	0.0%
	12	68 346.99	68 346.99	68 346.99	68 346.99	68 346.99	0.0%
	13	70 608.60	70 608.60	70 608.60	70 608.60	70 608.60	0.0%
	14	105 341.19	105 341.19	105 341.19	105 341.19	105 341.19	0.0%
	15	109 826.66	109 826.66	109 826.66	109 826.66	109 826.66	0.0%
	16	69 699.52	69 699.52	69 699.52	69 699.52	69 699.52	0.0%
	17	76 386.57	76 386.57	76 386.57	76 386.57	76 386.57	0.0%

续表

算例规模	算例序号	计算结果					平均误差
		1	2	3	4	5	
10×10	18	63 930.79	63 930.79	63 930.79	63 930.79	63 930.79	0.0%
	19	256 196.51	266 886.82	256 196.51	255 565.72	257 457.13	1.1%
	20	202 810.29	202 810.29	211 104.02	202 810.29	211 104.02	1.6%
	21	70 749.73	70 749.73	70 749.73	70 749.73	70 749.73	0.0%
	22	61 582.14	61 582.14	61 582.14	61 582.14	61 582.14	0.0%
	23	117 008.93	117 008.93	117 008.93	117 008.93	117 008.93	0.0%
	24	239 325.89	239 325.90	239 325.89	239 325.89	239 325.89	0.0%
	25	102 600.85	102 600.85	104 853.73	102 600.85	104 853.73	0.9%
	26	95 573.77	95 573.77	95 573.77	95 573.77	95 573.77	0.0%
	27	150 531.96	150 531.96	150 531.96	150 531.96	150 531.96	0.0%
	28	140 056.97	141 645.80	141 645.80	140 056.97	140 056.97	0.4%
10×20	29	198 971.50	200 058.93	212 040.47	198 666.68	198 997.39	1.5%
	30	77 003.95	77 003.95	77 003.95	77 003.95	77 003.95	0.0%
	31	82 870.17	82 870.17	82 870.17	82 870.17	82 870.17	0.0%
	32	373 160.41	373 309.55	377 589.28	399 002.74	381 342.31	2.0%
	33	250 211.59	266 680.61	250 206.54	250 206.54	259 439.73	1.9%
	34	276 441.40	277 683.34	270 245.20	276 169.12	277 908.20	2.0%
	35	141 979.25	141 979.25	141 979.20	141 979.25	141 979.25	0.0%
	36	108 501.69	108 501.69	108 655.42	107 428.24	108 500.68	0.8%
	37	237 780.07	236 767.66	237 504.00	236 981.32	237 509.92	0.2%
	38	154 061.01	154 061.01	154 061.01	157 032.66	154 061.01	0.4%

续表

算例规模	算例序号	计算结果					平均误差
		1	2	3	4	5	
15×20	39	166 990.04	166 990.04	166 990.04	166 990.04	166 990.04	0.0%
	40	138 588.06	138 023.21	138 588.06	135 407.06	135 499.21	1.3%
	41	109 371.59	100 928.08	100 928.08	109 371.59	100 928.08	3.1%
	42	288 688.59	272 518.16	272 518.16	283 724.39	272 518.16	1.9%
	43	94 182.77	94 182.77	94 182.77	94 182.77	94 182.77	0.0%
	44	162 765.06	162 765.06	162 765.06	162 765.06	162 765.06	0.0%
	45	132 209.22	132 275.84	132 209.20	132 275.84	132 275.84	0.0%
	46	146 050.58	140 804.73	140 916.73	144 310.35	144 310.35	1.7%
	47	86 101.90	86 101.90	86 101.90	86 101.90	86 101.90	0.0%
	48	118 610.09	118 610.09	118 746.69	118 610.09	118 746.69	0.0%
15×30	49	243 064.49	242 494.14	244 119.71	239 434.18	239 184.74	1.0%
	50	259 128.69	251 373.89	247 591.97	260 314.03	243 960.60	3.3%
	51	181 887.76	181 887.18	181 887.18	181 891.92	181 887.18	0.0%
	52	148 561.04	148 561.04	148 561.04	148 561.04	148 561.04	0.0%
	53	169 401.76	169 401.76	169 401.76	169 401.76	169 401.76	0.0%
	54	209 012.00	209 012.00	209 093.00	209 093.00	209 751.24	0.1%
	55	192 056.26	192 056.26	192 056.26	192 056.26	192 056.26	0.0%
	56	86 207.78	86 207.78	86 207.78	86 207.78	86 207.78	0.0%
	57	68 283.12	68 283.12	68 283.12	68 283.12	68 283.12	0.0%
	58	204 190.74	209 202.21	199 139.12	199 139.12	209 202.21	2.4%
	59	210 469.92	208 021.87	208 021.87	208 115.94	207 944.09	0.3%
	60	280 228.35	258 952.80	265 112.68	260 028.19	278 552.21	3.5%
	61	119 582.62	118 906.92	118 906.92	118 906.92	119 582.62	0.2%

续表

算例规模	算例序号	计算结果					平均误差
		1	2	3	4	5	
15×30	62	157 145.88	157 346.88	150 539.25	152 282.01	150 539.25	1.9%
	63	232 399.02	232 852.56	232 262.81	225 564.53	234 248.65	2.5%
	64	315 624.52	315 624.52	315 624.52	315 624.52	315 624.52	0.0%
	65	247 946.13	247 786.44	247 786.44	244 653.46	248 723.69	1.1%
	66	221 005.73	226 218.72	226 232.48	224 755.23	221 981.36	1.3%
	67	313 906.69	302 419.01	316 783.32	299 711.95	300 495.37	2.2%
	68	152 810.22	153 172.63	151 057.16	152 580.88	152 580.88	0.9%
	69	165 335.57	152 425.87	154 440.33	157 109.67	152 425.87	2.4%
	70	165 166.31	167 084.80	167 084.80	165 166.31	165 166.31	0.5%
	71	130 334.52	130 334.52	130 334.52	130 334.52	130 334.52	0.0%
20×30	72	304 376.27	304 376.27	285 882.09	303 167.79	285 536.80	3.7%
	73	274 578.74	263 685.86	277 755.72	274 578.74	263 685.86	2.6%
	74	318 627.76	322 650.94	319 945.28	331 337.10	324 304.24	1.4%
	75	316 859.21	318 301.79	316 859.21	316 859.21	319 425.71	0.3%
	76	365 461.02	364 361.65	372 917.60	393 215.24	390 390.17	3.3%
	77	168 676.14	171 582.77	168 676.14	168 676.14	168 676.14	0.3%
	78	518 598.08	509 867.62	526 222.73	501 162.96	528 004.04	3.0%
	79	225 572.78	225 572.78	225 572.78	225 572.78	225 572.78	0.0%
	80	320 925.33	320 925.33	320 925.33	320 925.33	320 925.33	0.0%
	81	168 570.57	168 570.57	168 570.57	168 570.57	168 570.57	0.0%
	82	200 899.70	200 899.70	200 899.70	200 899.70	189 166.10	4.7%

续表

算例规模	算例序号	计算结果					平均误差
		1	2	3	4	5	
20×40	83	385 806.95	377 020.32	397 470.51	403 112.34	393 388.10	3.6%
	84	356 655.26	405 035.03	395 722.70	356 655.26	356 655.26	4.4%
	85	361 025.77	361 025.77	361 025.77	361 025.77	361 025.77	0.0%
	86	325 584.14	325 584.14	325 584.14	325 584.14	325 584.14	0.0%
	87	446 831.80	416 200.82	440 356.47	416 612.77	438 468.02	3.5%
	88	363 653.59	387 099.23	363 294.44	363 294.44	363 653.59	1.3%
	89	343 304.05	343 304.05	343 304.05	343 304.05	364 761.57	0.0%
	90	388 013.67	403 069.87	392 670.76	375 958.47	392 670.76	3.7%
	91	313 452.14	313 452.14	313 452.14	313 452.14	313 452.14	0.0%
	92	343 016.70	343 135.97	343 809.16	343 809.16	343 135.97	0.1%
25×49	93	399 092.85	369 289.71	369 289.71	402 994.29	399 092.85	4.7%
	94	390 984.59	390 371.58	415 689.31	414 920.05	388 997.91	2.7%
	95	384 783.81	384 783.81	384 783.81	384 783.81	384 783.81	0.0%
	96	433 003.71	433 255.76	433 003.71	450 670.22	436 790.88	1.0%
	97	383 181.51	368 360.35	357 747.12	356 019.50	416 637.94	5.2%
	98	372 647.18	364 037.93	362 333.17	368 123.33	367 856.17	1.3%
	99	240 934.96	240 934.96	234 071.49	234 606.09	234 134.05	1.2%
	100	220 494.38	214 740.16	214 348.39	215 711.88	214 348.39	0.7%

3.2 防御结果不确定的多模中断问题

与前一小节一致，考虑企业在多个不同点位有使用数据中心服务的需求。记所有需求点的集合为 $\mathcal{I} = \{1,2,3,\cdots,I\}$。各需求点的需求相互独立且不可分割。需求点 i 处的需求具有同质性，其按泊松分布随机到达，到达率为 λ_i 且不随时间发生变化。企业将自建自营数据中心集群，以满足云计算需求。记所有候选点的集合为 $\mathcal{J} = \{1,2,3,\cdots,J\}$。不失一般性，不考虑企业既有的数据中心服务。为满足企业使用数据中心服务的需求，需要算力、存储等多种资源。记所有资源类型的集合为 $\mathcal{K} = \{1,2,3,\cdots,K\}$，需求点 i 对资源 k 的需求量为 r_{ik}。

在前一小节的基础上，假设企业的防御措施不一定总能有效地应对中断风险、规避中断事故，即防御结果不确定，即使企业采取防御措施仍有一定的可能性遭遇中断事故，且此时在服务完全不受影响和服务完全中断两种情况外还可能发生服务按一定比例部分中断的情况。这种假设更贴近现实中的真实情形，适用于企业所运营业务对稳定性和连续性要求较高的情形。记数据中心在防御后发生中断事故时所剩余资源的比例在集合 $\mathcal{M} = \{\varepsilon_1, \varepsilon_2, \varepsilon_3, \cdots, \varepsilon_M\}$ 中取得。特别地，记候选数据中心 j 在防御后遭遇中断事故时所剩余资源的比例在集合 $\mathcal{M}$ 的一个子集 $\mathcal{M}_j = \{\varepsilon_{j1}, \varepsilon_{j2}, \varepsilon_{j3}, \cdots, \varepsilon_{jM_j}\}$ 中取得。不失一般性，在不致混淆时略去 $\mathcal{M}_j$ 及其中各元素的下标以简化符号，并记 $\varepsilon_1 = 0$ 和 $\varepsilon_M = 1$，分别对应数据中心在防御后遭遇中断事故时所提供服务完全中断和完全不受影响两种情形。记 ρ_{jm} 为候选数据中心 $j \in \mathcal{J}$ 在防御后遭遇中断事故时剩余资源比例为 $\varepsilon_m \in \mathcal{M}$ 的概率，并假设它与该候选数据中心遭遇随机事件的概率独立。记 $\rho_j = \sum_{m=1}^{M-1} \rho_{jm}$，表示候选数据中心 j 在防御后遭遇中断事故时不能继续完全提供原有服务的概率。

考虑数据中心集群在其全生命周期中不同时刻的状态。在某时刻，若数据中心集群中全部数据中心均能正常提供服务，则称此时集群处于正常运营状态；若至少有一个数据中心发生中断事故，则称此时集群处于异常运营状态。处于异常运营状态时，发生中断事故的数据中心可能完全无法提供服务，也可能损失一定比例的资源，因而只能以受损后较低的能力提供部分服务。此时，需要将事先分配给它的需求全部或部分重新分配至能够正常提供服务的其他数据中心。不考虑数据中心集群在正常运营状态和异常运营状态之间转移时，需求再分配所需要消耗的时间，即假设这种再分配是瞬时完成的。

考虑在数据中心集群全生命周期中，数据中心中断风险随机到达，并且这种到达服从泊松过程；同时，数据中心集群从异常运营状态恢复正常服务的时长服从指数分布。集群在正常运营状态和各异常运营状态之间的状态转移可以建模成为一个连续时间马尔可夫链。本章不展开叙述其细节，仅在数据中心集群设计的具体背景下考虑各状态相应的期望成本。图 3.3 概念化地展示了数据中心集群全生命周期中的状态转移。

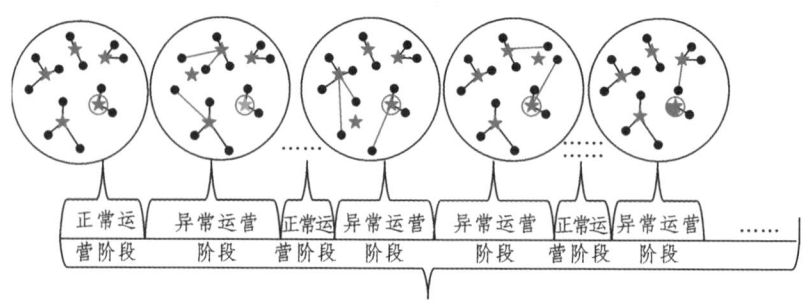

图 3.3 数据中心集群全生命周期运营情况

与前一小节类似，在决策期初，企业面临的决策如下：以 x_j 表示是否选择候选点 j，y_{jk} 表示在该点资源 k 的投入量，z_{ij} 表示是否通过该点向需求点 i 提供服务，h_j 表示是否在该点增强防御以确保不发生中断。

企业考虑其防御成本和收益等，不一定对数据中心集群中所有数据中心进行防御。记企业对数据中心 $j \in \mathcal{J}$ 进行防御时，其全生命周期防御成本为 β_j；若不防御，则全生命周期修复成本为 Φ_j。

此后将数据中心集群全生命周期归一化为 1。全生命周期包括起始点处的选址阶段和后续单位区间上的运营阶段，其中，运营阶段又可分为正常运营和异常运营两种状态。为简化，不考虑多个数据中心同时发生中断的情形。根据发生中断事故而无法正常提供服务的数据中心的不同，异常运营状态至多有 J 类不同的实例；根据发生中断事故后数据中心剩余可用资源比例的不同，每类异常运营状态实例至多有 $M-1$ 种不同的情景。

假设数据中心 $j \in \mathcal{J}$ 发生中断事故的概率为 P_j，即若企业不在该点增强防御以确保不发生中断，则进入第 j 类异常运营状态且该数据中心完全无法提供服务的概率为 P_j；若企业增强防御，则进入第 j 类异常运营状态且该数据中心剩余资源的比例为 $\varepsilon_m \in \mathcal{M}$ 的概率为 $\rho_{jm} P_j$。记企业应急响应以修复数据中心 $j \in \mathcal{J}$ 直至恢复正常提供服务的期望时间为 γ_j，即数据中心集群在第 j 种异常运营状态的期望停留时间为 γ_j。于是，在数据中心集群的全生命周期中，正常运营状态期望总时间为 $1 - \sum_{\mathcal{J}} \gamma_j \left(1 - h_j + \rho_j h_j\right) x_j P_j$，异常运营状态期望总时间为 $\sum_{\mathcal{J}} \gamma_j \left(1 - h_j + \rho_j h_j\right) x_j P_j$。

在进入第 j 类异常运营状态且受影响数据中心剩余资源的比例为 $\varepsilon_m \in \mathcal{M}$ 时，企业还需要决策相应的应急响应方案 S_{in}^{jm}，即此时是否由剩余可用数据中心中的数据中心 n 来服务原来由数据中心 j 所服务的需求点 i。主要符号如表 3.13 所示。

表 3.13 主要符号

参数	描述
$\mathcal{I}=\{1,2,3,\cdots,I\}$	所有需求点的集合
$\mathcal{J}=\{1,2,3,\cdots,J\}$	所有候选数据中心的集合
$\mathcal{K}=\{1,2,3,\cdots,K\}$	所有资源类型的集合
$\mathcal{M}=\{\varepsilon_1,\varepsilon_2,\varepsilon_3,\cdots,\varepsilon_M\}$	防御后数据中心发生中断事故时剩余资源所有比例的集合
$\mathcal{J}^j$	数据中心 $j\in\mathcal{J}$ 发生中断事故后其他可用数据中心的集合
f_j	候选数据中心 j 的固定投资额
c_j	候选数据中心 j 的电力容量上限
e_{kl}	在同一数据中心中资源 k 和资源 l 的配置数量比例上限
λ_i	需求点 i 的需求到达率
r_{ik}	需求点 i 处需求对资源 k 的单位需求量
U	全生命周期防御成本预算上限
α	考虑峰谷电耗的调节系数
γ_j	数据中心集群在第 j 类异常运营状态的期望停留时间
p_j	候选数据中心 j 处的单位电价
τ_{ij}	需求点 i 到数据中心 j 的单位网络传输延迟成本
θ_i	需求点 i 的单位延迟成本
w_k	单位资源 k 的峰值耗电量
β_j	候选数据中心 j 的防御成本
P_j	候选数据中心 j 遭遇随机事件概率
Φ_j	候选数据中心 j 遭遇随机事件中断修复成本
ρ_{jm}	候选数据中心 j 遭遇随机事件时剩余资源比例为 ε_m 的概率
决策变量	描述
x_j	是否在候选点 j 处建立数据中心
y_{jk}	在数据中心 j 中资源 k 的投入量

续表

决策变量	描述
z_{ij}	是否通过数据中心 j 向需求点 i 提供服务
h_j	是否对数据中心 j 进行防御
s_{in}^{jm}	数据中心 j 剩余资源比例为 ε_m 时是否由数据中心 n 来应急服务原来由数据中心 j 所服务的需求点 i

决策变量中，x_j 为表示是否在候选点 j 处建立数据中心的 0-1 整数变量：建立数据中心 j 时 $x_j=1$；否则 $x_j=0$。y_{jk} 为表示在数据中心 j 处资源 k 的投入量的连续取值变量。z_{ij} 为表示是否通过数据中心 j 向需求点 i 提供服务的 0-1 整数变量：由数据中心 j 向需求点 i 提供服务时 $z_{ij}=1$；否则 $z_{ij}=0$。h_j 为表示是否对数据中心 j 进行防御的 0-1 整数变量：对数据中心 j 进行防御以确保不发生中断时 $h_j=1$；否则 $h_j=0$。s_{in}^{jm} 为表示当数据中心 j 剩余资源比例为 ε_m 时是否由数据中心 n 来应急服务原来由数据中心 j 所服务的需求点 i 的 0-1 整数变量：由数据中心 n 来应急服务时 $s_{in}^{jm}=1$；否则 $s_{in}^{jm}=0$。

3.2.1 模　　型

防御结果不确定时，数据中心建设的固定直接成本与前节一致，其形式为：

$$C(X,H) = \sum_{\mathcal{J}} f_j x_j + \sum_{\mathcal{J}} \beta_j h_j \tag{3.5}$$

式中，f_j 和 β_j 分别为数据中心 j 的固定投资额和全生命周期防御成本。

数据中心处于正常运营状态时的变动成本，除正常运营状态期望总时间有所变化外，与前节一致，其形式为：

$$R(X,Y,Z,H) = \left(1 - \sum_{\mathcal{J}} \gamma_j \left(1 - h_j + \rho_j h_j\right) x_j P_j\right)$$

$$\left(\alpha \sum_{\mathcal{J}}\sum_{\mathcal{K}} p_j w_k y_{jk} + \sum_{\mathcal{J}}\sum_{\mathcal{I}} \lambda_i \tau_{ij} z_{ij} + \sum_{\mathcal{J}}\sum_{\mathcal{K}} \frac{\sum_{\mathcal{I}} \theta_i \lambda_i r_{ik} z_{ij}}{y_{jk} - \sum_{\mathcal{J}} \lambda_i r_{ik} z_{ij}}\right)$$

$$\tag{3.6}$$

式中，γ_j 是数据中心 $j \in \mathcal{J}$ 发生中断事故、数据中心集群在第 j 种异常运营状态的期望停留时间，P_j 是数据中心 $j \in \mathcal{J}$ 发生中断事故的概率，ρ_j 是候选数据中心 j 在防御后遭遇中断事故时不能继续完全提供原有服务的概率，即 $1 - \sum_{\mathcal{J}} \gamma_j (1 - h_j + \rho_j h_j) x_j P_j$ 是数据中心集群的全生命周期中正常运营状态期望总时间；α 是峰谷电耗调节系数，p_j 是数据中心 $j \in \mathcal{J}$ 处的单位电价，w_k 是资源 $k \in \mathcal{K}$ 的单位峰值耗电量，λ_i 是需求点 $i \in \mathcal{I}$ 处的需求到达率，τ_{ij} 是从需求点 $i \in \mathcal{I}$ 处到数据中心 $j \in \mathcal{J}$ 的单位网络传输延迟成本，θ_i 是需求点 i 处因服务响应延迟而产生的单位成本，r_{ik} 是需求点 i 所发出需求对于资源 k 的需求量。

在异常运营状态下，由于防御结果不确定，若数据中心 $l \in \mathcal{J}$ 发生中断事故、数据中心集群在第 l 类异常运营状态的第 $m (< M)$ 种情景，企业将决策应急响应方案 s_{ij}^{lm}，即此时是否由剩余可用数据中心中的数据中心 j 来服务原来由数据中心 l 所服务的需求点 i。

其形式如下：

$$\begin{aligned}
O(X,Y,Z,H,S) = & \sum_{\mathcal{J}} \gamma_l (1-h_l) x_l P_l \left(\alpha \sum_{\mathcal{J}^l} \sum_{\mathcal{K}} p_j w_k y_{jk} + \sum_{\mathcal{J}^l} \sum_{\mathcal{I}} \lambda_i \tau_{ij} \left(z_{ij} + s_{ij}^{l1} \right) + \right. \\
& \sum_{\mathcal{J}^l} \sum_{\mathcal{K}} \frac{\sum_{\mathcal{I}} \theta_i \lambda_i r_{ik} \left(z_{ij} + s_{ij}^{l1} \right)}{y_{jk} - \sum_{\mathcal{I}} \lambda_i r_{ik} \left(z_{ij} + s_{ij}^{l1} \right)} \right) + \\
& \sum_{\mathcal{J}} \sum_{m=2}^{M-1} \gamma_l \rho_{lm} h_l x_l P_l \left(\alpha \sum_{\mathcal{K}} w_k \left(\sum_{\mathcal{J}^l} p_j y_{jk} + \varepsilon_m p_l y_{lk} \right) + \right. \\
& \sum_{\mathcal{J}^l} \sum_{\mathcal{I}} \lambda_i \tau_{ij} \left(z_{ij} + s_{ij}^{lm} \right) + \sum_{\mathcal{I}} \lambda_i \tau_{il} s_{il}^{lm} + \\
& \left. \sum_{\mathcal{J}^l} \sum_{\mathcal{K}} \frac{\sum_{\mathcal{I}} \theta_i \lambda_i r_{ik} \left(z_{ij} + s_{il}^{lm} \right)}{y_{jk} - \sum_{\mathcal{I}} \lambda_i r_{ik} \left(z_{ij} + s_{il}^{lm} \right)} + \sum_{\mathcal{K}} \frac{\sum_{\mathcal{I}} \theta_i \lambda_i r_{ik} s_{il}^{lm}}{\varepsilon_m y_{lk} - \sum_{\mathcal{I}} \lambda_i r_{ik} s_{il}^{lm}} \right) + \\
& \sum_{\mathcal{J}} (1 - h_j + \rho_j h_j) x_j P_j \Phi_j
\end{aligned} \tag{3.7}$$

式中，除与 $R(X,Y,Z,H)$ 相同的参数外，$\mathcal{J}^l$ 是数据中心 $l \in \mathcal{J}$ 发生中断事故、数据中心集群处于第 l 类异常运营状态时其他可用数据中心的集合，S_{ij}^{lm} 是此种异常运营状态下的应急响应指派决策，即是否由数据中心 j 来应急服务原来由数据中心 l 所服务的需求点 i，Φ_j 是数据中心 j 遭遇随机事件发生中断后的全生命周期修复成本。

在前述分析基础上，对防御结果确定的双模中断问题，有以下优化问题 (PS)。

$$(PS) \min Z = \sum_{\mathcal{J}} f_j x_j + \sum_{\mathcal{J}} \beta_j h_j + \left(1 - \sum_{\mathcal{J}} \gamma_j \left(1 - h_j + \rho_j h_j\right) x_j P_j\right)$$

$$\left(\alpha \sum_{\mathcal{J}} \sum_{\mathcal{K}} p_j w_k y_{jk} + \sum_{\mathcal{J}} \sum_{\mathcal{I}} \lambda_i \tau_{ij} z_{ij} + \sum_{\mathcal{J}} \sum_{\mathcal{K}} \frac{\sum_{\mathcal{I}} \theta_i \lambda_i r_{ik} z_{ij}}{y_{jk} - \sum_{\mathcal{I}} \lambda_i r_{ik} z_{ij}}\right) +$$

$$\sum_{\mathcal{J}} \gamma_l (1-h_l) x_l P_l \left(\alpha \sum_{\mathcal{J}^l} \sum_{\mathcal{K}} p_j w_k y_{jk} + \sum_{\mathcal{J}^l} \sum_{\mathcal{I}} \lambda_i \tau_{ij} \left(z_{ij} + s_{ij}^{l1}\right) + \right.$$

$$\left. \sum_{\mathcal{J}^l} \sum_{\mathcal{K}} \frac{\sum_{\mathcal{I}} \theta_i \lambda_i r_{ik} \left(z_{ij} + s_{ij}^{l1}\right)}{y_{jk} - \sum_{\mathcal{I}} \lambda_i r_{ik} \left(z_{ij} + s_{ij}^{l1}\right)}\right) + \sum_{\mathcal{J}} \sum_{m=2}^{M-1} \gamma_l \rho_{lm} h_l x_l P_l$$

$$\left(\alpha \sum_{\mathcal{K}} w_k \left(\sum_{\mathcal{J}^l} p_j y_{jk} + \varepsilon_m p_l y_{lk}\right) + \sum_{\mathcal{J}^l} \sum_{\mathcal{I}} \lambda_i \tau_{ij} \left(z_{ij} + s_{ij}^{lm}\right) + \right.$$

$$\left. \sum_{\mathcal{I}} \lambda_i \tau_{il} s_{il}^{lm} + \sum_{\mathcal{J}^l} \sum_{\mathcal{K}} \frac{\sum_{\mathcal{I}} \theta_i \lambda_i r_{ik} \left(z_{ij} + s_{ij}^{lm}\right)}{y_{jk} - \sum_{\mathcal{I}} \lambda_i r_{ik} \left(z_{ij} + s_{ij}^{lm}\right)} + \sum_{\mathcal{K}} \frac{\sum_{\mathcal{I}} \theta_i \lambda_i r_{ik} s_{il}^{lm}}{\varepsilon_m y_{lk} - \sum_{\mathcal{I}} \lambda_i r_{ik} s_{il}^{lm}}\right) +$$

$$\sum_{\mathcal{J}} \left(1 - h_j + \rho_j h_j\right) x_j P_j \Phi_j \quad (3.8\text{a})$$

$$\text{s.t.} \quad z_{ij} \leqslant x_j, \quad \forall i \in \mathcal{I}, j \in \mathcal{J} \quad (3.8\text{b})$$

$$\sum_{\mathcal{J}} z_{ij} = 1, \forall i \in \mathcal{I} \quad (3.8\text{c})$$

$$\sum_{\mathcal{J}^l \cup l} s_{ij}^{lm} = z_{il} x_l, \quad \forall i \in \mathcal{I}, \forall l \in \mathcal{J}, m \leqslant M-1 \quad (3.8\text{d})$$

$$h_j \leq x_j, \quad \forall j \in \mathcal{J} \qquad (3.8\mathrm{e})$$

$$\sum_{\mathcal{J}} h_j \beta_j \leq U, \quad \forall j \in \mathcal{J} \qquad (3.8\mathrm{f})$$

$$\sum_{I} \lambda_i r_{ik} z_{ij} \leq y_{jk}, \forall j \in \mathcal{J}, \forall k \in \mathcal{K} \qquad (3.8\mathrm{g})$$

$$\sum_{I} \lambda_i r_{ik} \left(z_{ij} + s_{ij}^{lm} \right) \leq y_{jk}, \forall l \in \mathcal{J}, \forall k \in \mathcal{K}, \forall j \in \mathcal{J}^l, m \leq M-1 \qquad (3.8\mathrm{h})$$

$$\lambda_i r_{ik} s_{ij}^{jm} \leq \varepsilon_m y_{jk}, \forall j \in \mathcal{J}, \forall k \in \mathcal{K}, m \leq M-1 \qquad (3.8\mathrm{i})$$

$$\sum_{\mathcal{K}} y_{jk} w_k \leq c_j, \forall j \in \mathcal{J} \qquad (3.8\mathrm{j})$$

$$y_{jk} \leq y_{jl} e_{kl}, \quad \forall j \in \mathcal{J}, \forall k, l \in \mathcal{K} \qquad (3.8\mathrm{k})$$

$$x_j, z_{ij}, h_j, s_{ij}^{lm} \in \{0,1\}, \quad \forall i \in \mathcal{I}, \forall l, j \in \mathcal{J}, m \leq M-1 \qquad (3.8\mathrm{l})$$

$$y_{jk} \geq 0, \quad \forall j \in \mathcal{J}, \forall k \in \mathcal{K} \qquad (3.8\mathrm{m})$$

其中，目标式（3.8a）为最小化数据中心集群全生命周期总成本，约束（3.8b）表示只有建设并运营某数据中心后才能够在该处获得数据中心服务，约束（3.8c）表示所有需求点处的需求都必须得到满足，约束（3.8d）表示在已建设运营的数据中心不能完全提供服务时需要将其所服务的需求点应急分配至剩余可用数据中心以确保所有需求点处的需求仍可得到满足，约束（3.8e）表示只需要防御已建设运营的数据中心，约束（3.8f）表示全生命周期防御成本受到预算限制，约束（3.8g）、（3.8h）和（3.8i）分别表示正常运营状态和异常运营状态下已建设运营且还可提供服务的数据中心处配置的各项资源 y_{jk} 必须分别满足向其分配需求所要求的总资源量，约束（3.8j）表示在任一数据中心处配置的资源总耗能必须满足当地的电力负荷 c_j，约束（3.8k）表示在任一数据中心处配置的各项资源比例必须适当，约束（3.8l）和（3.8m）分别为决策变量的二进制约束和非负约束。

3.2.2 优化算法及算法绩效

在防御结果不确定的多模中断问题中，至多有 J 类异常运营状态、每类

有 M 种不同情景。对其中每一类异常运营状态的每一种情景，均需要确定相应的需求点-数据中心应急指派决策 $S=\left\{s_{ij}^{lm}\mid i\in\mathcal{I},j\in\mathcal{J},l\in\mathcal{J},m\leqslant M-1\right\}$。与前一小节类似，考虑将需求点-数据中心应急指派决策分解出来成为内层子问题，而外层主问题只确定数据中心建设点位决策 $X=\left\{x_j\mid j\in\mathcal{J}\right\}$、各数据中心资源配置决策 $Y=\left\{y_{jk}\mid j\in\mathcal{J},k\in\mathcal{K}\right\}$、正常状态需求-数据中心指派决策 $Z=\left\{z_{ij}\mid i\in\mathcal{I},j\in\mathcal{J}\right\}$、防御决策 $H=\left\{h_j\mid j\in\mathcal{J}\right\}$ 等，从而对优化问题 (PS) 进行近似求解。仍在基于增强精英保留策略的多染色体遗传算法框架内分为两步近似求解。

算法的多染色体编码、种群生成、选择、交叉、变异，以及调整多染色体遗传算法中个体的启发式规则等与前一小节相似。改进之处在于，需要考虑每一类异常运营状态的多种不同情景，即在确定外层主问题的各项决策后，需要求解多个内层子问题，并根据不同情景的发生概率求得最优成本的期望值，而非如前一小节那样只需要求解一个内层子问题。

在与前一小节一致的软硬件环境中实现算法并进行计算，运用部分枚举算法获得小规模问题最优解作为绩效基线。

考虑由 3 个需求点、3 个候选数据中心、2 类资源（计算资源和存储资源）构成的小规模算例。除额外考虑防御后数据中心遭遇中断事件后可能有完全中断、部分中断、完全不中断 3 种情景外，算例参数设置方式与前一小节一致。仍将电力容量上限 c_j 分别在区间 [3 000,5 000]、[5 000,10 000] 和 [10 000,15 000] 上随机生成，以分别对应供电能力紧张、适中、宽松等 3 种不同情形；将防御成本 β_j、修复成本 Φ_j 分别在区间 [100,800]、[500,5 000] 和 [5 000,10 000] 上随机生成，以分别对应企业对防御成本支付意愿的低、中、高等 3 种不同情形和数据中心中断严重程度的低、中、高等 3 种不同情形。一共有 27 种不同的参数环境。

针对每一种参数环境各随机生成 100 个算例，一共得到 2 700 个算例。设置基于增强精英保留策略的多染色体遗传算法中的种群规模为 200、最大迭代次数为 50。表 3.14 展示了从每种参数环境中随机选取的 1 个算例计算结果。

表 3.14 小规模算例中的算法绩效

序号	防御成本	修复成本	电力容量上限	本节算法		部分枚举算法		节省时间
				最优值	计算时间	最优值	计算时间	
1	低	低	紧张	60 373.41	4 003.95	60 373.41	14 179.19	71.76%
2	低	低	适中	88 542.02	3 740.785	88 542.02	8 769.537	57.34%
3	低	低	宽松	102 582.189 2	4 376.747	102 582.189 2	14 191.07	69.16%
4	低	中	紧张	65 559.06	4 357.11	65 559.06	9 178.952	52.53%
5	低	中	适中	126 596.6	4 131.266	126 596.6	14 838.49	72.16%
6	低	中	宽松	200 184.1	4 230.978	200 184.1	14 327.01	70.47%
7	低	高	紧张	72 109.95	4 395.462	72 109.95	8 430.238	47.86%
8	低	高	适中	59 845.23	2 123.535	59 845.23	8 447.857	74.86%
9	低	高	宽松	139 080.4	5 299.925	139 080.4	14 385.57	63.16%
10	中	低	紧张	58 217.56	3 025.13	58 217.56	13 341.44	77.33%
11	中	低	适中	79 169	6 730.595	79 169	7 860.177	14.37%
12	中	低	宽松	108 115.1	2 075.653	108 115.1	13 035.93	84.08%
13	中	中	紧张	68 356.62	2 064.018	68 356.62	8 332.365	75.23%
14	中	中	适中	90 395.02	4 820.161	90 395.02	17 314.51	72.16%
15	中	中	宽松	139 639.2	3 841.74	139 639.2	16 436.34	76.63%
16	中	高	紧张	68 410.17	5 639.731	68 410.17	19 637.85	71.28%
17	中	高	适中	69 893.75	4 581.608	69 893.75	12 225.75	62.52%
18	中	高	宽松	131 637.4	2 074.177	131 637.4	16 781.41	87.64%
19	高	低	紧张	81 032.55	4 725.636	81 032.55	15 603.68	69.71%
20	高	低	适中	71 839.96	4 276.165	71 839.96	17 652.88	75.78%

续表

序号	防御成本	修复成本	电力容量上限	本节算法		部分枚举算法		节省时间
				最优值	计算时间	最优值	计算时间	
21	高	低	宽松	101 933.7	7 040.215	101 933.7	19 365.43	63.65%
22	高	中	紧张	64 179.33	6 091.816	64 179.33	18 768.86	67.54%
23	高	中	适中	74 780.14	2 059.942	74 780.14	16 750.15	87.70%
24	高	中	宽松	117 795.6	4 724.261	117 795.6	87 795.62	94.62%
25	高	高	紧张	73 460.68	4 065.461	73 460.68	38 460.68	89.43%
26	高	高	适中	78 287.76	5 671.104	78 287.76	59 287.76	90.43%
27	高	高	宽松	107 046.6	3 467.267	107 046.6	78 046.6	95.56%

如表 3.14 所示，在所选取的全部算例中，针对防御结果不确定的多模中断问题，本节所提出的在基于增强精英保留策略的多染色体遗传算法框架内的两步近似求解算法，相比于作为基准的部分枚举算法，都可以在更短的时间内找到全局最优精确解，节省时间最高可达 95.56%。更进一步，在全部 2 700 个算例中，该算法均可以更快速地找到全局最优精确解或者发现无可行解的算例。对比针对防御结果确定的双模中断问题的表 3.6 可知，由于中断情景增多、需要求解的子问题数量增加，算法求解耗费了更长的时间。

接下来在大规模算例上验证算法绩效。考虑由 I 个需求点、J 个候选数据中心、2 类资源（计算资源和存储资源）构成的大规模算例。除额外考虑防御后数据中心遭遇中断事件后可能有 12 种按比例中断的情景外，算例参数设置方式与前一小节一致。设置基于增强精英保留策略的多染色体遗传算法中的种群规模为 400、最大迭代次数为 80。

表 3.15 展示了针对 82 个随机生成的大规模算例各计算 5 次的算法绩效。其中，平均误差为 5 次计算中各次计算结果相对于最优结果偏差比例的平均值。随着算例规模的增大，算法的平均误差将会增大。在所计算算例中，平均误差基本在 5% 以内。

表 3.15 大规模算例中的算法绩效

算例规模	算例序号	计算结果					平均误差
		1	2	3	4	5	
5×10	1	112 577.89	112 577.89	112 577.89	112 577.89	112 577.89	0.00%
	2	128 493.91	128 493.91	128 493.91	128 493.91	128 493.91	0.00%
	3	97 506.83	97 506.83	97 506.83	97 506.83	97 506.83	0.00%
	4	58 545.96	58 545.96	58 545.96	58 545.96	58 545.96	0.00%
	5	114 820.79	114 820.79	114 820.79	114 820.79	114 820.79	0.00%
	6	112 856.07	112 856.07	112 856.07	112 856.07	112 856.07	0.00%
	7	86 181.58	86 181.58	86 181.58	86 181.58	86 181.58	0.00%
	8	83 584.93	83 584.93	83 584.93	83 584.93	83 584.93	0.00%
	9	56 936.73	56 936.73	56 936.73	56 936.73	56 936.73	0.00%
	10	128 271.29	128 271.29	128 271.29	128 271.29	128 271.29	0.00%
	11	96 235.96	96 235.96	97 406.38	97 406.38	96 235.96	0.48%
	12	72 598.87	72 598.87	72 598.87	72 598.87	72 598.87	0.00%
	13	118 948.26	118 948.26	118 948.26	118 948.26	118 948.26	0.00%
	14	113 540.15	113 540.15	113 540.15	113 540.15	113 540.15	0.00%
	15	134 633.72	134 633.72	134 633.72	134 633.72	134 633.72	0.00%
	16	63 729.24	63 729.24	63 729.24	63 729.24	63 729.24	0.00%
	17	78 570.16	78 570.16	78 570.16	78 570.16	78 570.16	0.00%
10×10	18	87 955.03	87 955.03	87 955.03	87 955.03	87 955.03	0.00%
	19	194 478.93	194 478.93	197 473.41	197 473.41	204 235.92	1.56%
	20	131 379.93	131 379.93	131 379.93	131 379.93	131 379.93	0.00%
	21	71 545.99	75 141.87	71 545.99	71 545.99	71 545.99	0.96%
	22	79 710.28	79 710.28	79 710.28	79 710.28	79 710.28	0.00%
	23	113 624.88	110 499.55	113 624.88	110 499.55	113 624.88	1.65%

续表

算例规模	算例序号	计算结果					平均误差
		1	2	3	4	5	
10×10	24	195 099.04	195 099.04	195 099.04	195 099.04	195 099.04	0.00%
	25	121 780.57	123 366.75	121 319.35	121 319.35	121 649.58	0.46%
	26	131 297.02	126 031.31	124 982.80	124 599.95	126 031.31	1.54%
	27	67 425.00	67 425.00	67 425.00	67 425.00	67 425.00	0.00%
	28	105 610.07	105 610.07	105 610.07	111 284.41	105 610.07	1.02%
	29	113 753.84	102 602.84	102 602.84	102 602.84	102 602.84	1.96%
10×20	30	171 955.36	173 820.94	171 955.36	180 420.93	172 142.26	1.17%
	31	171 277.70	175 539.68	169 786.22	173 367.24	174 466.21	1.78%
	32	126 241.78	122 041.09	125 382.72	125 382.72	122 041.09	1.73%
	33	99 539.93	99 539.93	95 745.51	99 406.84	95 745.51	2.26%
	34	108 751.40	108 751.40	108 751.40	108 751.40	108 751.40	0.00%
	35	129 034.44	131 877.80	134 751.53	129 034.44	131 877.80	1.71%
	36	142 101.58	139 656.07	137 371.35	140 452.64	139 656.07	1.76%
	37	123 537.77	125 221.01	123 616.28	125 628.62	123 616.28	0.63%
	38	196 838.51	196 838.51	196 838.51	196 838.51	196 838.51	0.00%
	39	133 947.00	133 843.29	133 947.00	133 947.00	133 947.00	0.06%
	40	211 394.35	203 070.06	211 394.35	203 070.06	211 394.35	2.36%
	41	150 099.67	150 099.67	152 206.81	149 442.51	149 442.51	0.54%
15×20	42	133 442.92	135 042.44	137 356.84	137 356.84	137 095.81	1.91%
	43	88 763.91	88 763.91	88 763.91	88 763.91	88 763.91	0.00%
	44	126 819.75	126 819.75	126 819.75	126 819.75	126 819.75	0.00%
	45	93 603.69	97 426.92	97 426.92	97 426.92	93 603.69	2.35%
	46	109 131.28	109 131.28	109 131.28	107 162.02	107 162.02	1.08%

续表

算例规模	算例序号	计算结果					平均误差
		1	2	3	4	5	
15×20	47	113 694.22	113 694.22	114 180.57	114 180.57	114 180.57	0.26%
	48	207 373.30	196 834.11	198 470.42	198 470.42	198 470.42	1.51%
	49	160 296.94	159 719.80	162 032.42	160 296.94	162 032.42	0.71%
	50	197 817.10	205 442.48	205 442.48	205 442.48	202 854.09	2.72%
	51	103 645.96	103 630.74	103 630.74	103 631.32	103 667.45	0.01%
	52	101 441.69	102 345.24	101 924.39	102 345.24	102 345.24	0.62%
15×30	53	156 975.00	158 959.33	158 959.33	158 959.33	156 975.00	0.75%
	54	185 682.56	193 034.69	183 762.69	185 682.56	183 762.69	1.37%
	55	231 831.57	234 655.14	234 655.14	223 415.23	223 137.43	2.74%
	56	247 650.96	246 650.03	242 193.85	251 843.36	251 843.36	2.33%
	57	129 028.38	129 280.78	129 024.44	122 216.06	128 932.00	4.25%
	58	220 372.08	214 618.18	225 211.81	214 618.18	230 281.57	2.82%
	59	188 682.82	188 682.82	188 682.82	188 682.82	188 682.82	0.00%
	60	194 511.69	194 511.69	204 825.22	194 511.69	194 511.69	1.01%
	61	195 009.01	205 536.48	195 009.01	205 536.48	195 009.01	2.05%
	62	203 545.65	203 545.65	210 107.23	203 545.65	210 107.23	1.25%
	63	203 801.80	210 679.53	207 674.07	207 674.07	203 801.80	1.40%
	64	207 185.80	211 433.02	211 322.87	211 322.87	211 322.87	1.58%
	65	211 913.37	212 805.53	211 928.70	211 928.70	211 928.70	0.09%
	66	235 027.53	224 313.57	224 313.57	224 313.57	224 313.57	0.91%
	67	240 483.62	240 483.62	240 483.62	240 483.62	240 483.62	0.00%
	68	231 505.68	231 505.68	231 505.68	231 505.68	231 505.68	0.00%

续表

算例规模	算例序号	计算结果					平均误差
		1	2	3	4	5	
20×30	69	302 396.21	305 642.43	303 684.72	315 800.32	303 684.72	1.23%
	70	282 266.41	282 266.41	282 266.41	282 266.41	282 266.41	0.00%
	71	190 762.17	200 331.37	190 762.17	193 564.33	200 331.37	2.20%
	72	326 847.83	314 993.84	314 993.84	326 847.83	314 993.84	1.45%
	73	206 848.51	209 182.79	213 623.88	213 757.86	213 623.87	2.14%
	74	331 123.02	331 123.02	331 123.02	341 177.79	321 993.29	2.78%
20×40	75	370 521.12	370 521.12	370 521.12	370 521.12	370 521.12	0.00%
	76	383 253.43	381 286.37	383 253.43	381 286.37	381 286.37	0.21%
	77	412 802.38	411 512.60	421 547.46	411 384.89	424 825.58	1.19%
	78	393 923.76	376 983.93	382 499.66	382 499.66	376 983.93	1.44%
25×49	79	429 239.57	405 994.35	427 055.19	427 055.19	429 239.57	4.14%
	80	391 057.50	391 057.50	391 057.50	391 057.50	391 057.50	0.00%
	81	404 233.26	398 555.77	411 312.99	411 312.99	424 401.28	2.74%
	82	301 530.04	280 966.7	301 530.04	282 152.17	307 845.55	4.56%

3.2.3 双、多模中断问题对比与参数敏感性分析

本小节所讨论的防御结果不确定的多模中断问题相比于前一小节所讨论的防御结果确定的双模中断问题，增加考虑了数据中心防御的有效性和结果的不确定性，使模型更接近真实情境的同时，增加了建模和计算的复杂度。企业在实际应用时可根据自身需要进行选择。为提供决策支持，以下首先以数值算例方式直观地展示按这两类问题建模所求得最优解的差异。

考虑由 10 个需求点、10 个候选数据中心、2 类资源（计算资源和存储资源）构成的算例。将资源配置离散化为 6 种可能的方案。各候选数据中心在防御后发生中断事故时所剩余资源的比例均有 8 种可能，但不必对应

相等。参数生成方式与前一小节一致，其具体数值如表 3.16~3.20 所示。

表 3.16 需求点数据

序号	坐标	需求到达率 λ_i	单位延迟成本 θ_i	计算资源单位需求量 r_{i1}	存储资源单位需求量 r_{i2}
1	(84.87,38.19)	25.33	37.29	32.18	33.76
2	(112.07,33.54)	28.54	54.83	31.44	32.95
3	(111.93,40.78)	28.58	32.49	33.36	33.44
4	(93.62,41.58)	26.7	10.38	33.96	32.8
5	(119.74,39.15)	27.93	34.78	31.2	30.35
6	(72.57,44.27)	29.4	62.09	31.82	33.68
7	(81.63,38.35)	27.39	14.09	30.32	32.15
8	(90.21,32.32)	27.56	57.03	31.35	32.58
9	(92.19,38.57)	29.21	56.25	31.62	33.11
10	(95.69,39.04)	26.79	63.77	32.45	31.85

表 3.17 候选数据中心数据

序号	坐标	固定投资额 f_j	单位电价 p_j	电力容量上限 c_j	防御成本 β_j	修复成本 Φ_j	遭遇随机事件概率 P_j
1	(95.87,41.25)	15 000	6.5	10 000	6 361.75	746.05	0.44
2	(120.96,44.34)	7 000	5.23	7 000	2 050.91	5 230.89	0.8
3	(96.78,32.78)	17 000	5.59	12 162.57	3 045.45	5 618.86	0.1
4	(81.9,35.46)	17 000	5.43	8 832.5	1 671.32	2 863.38	0.55
5	(87.38,36.5)	10 000	6.38	10 000	866.3	881.05	0.39
6	(74,40)	17 000	6.61	10 250	4 150.91	2 459.66	0.55
7	(84.42,33.76)	17 000	6.8	2 750	500.72	7 710.94	0.89
8	(97.75,30.27)	17 000	13.86	4 500	7 762.53	313.29	0.54
9	(95.38,29.75)	17 000	7.59	5 500	3 238.96	2 470.45	0.87
10	(95.31,36.23)	15 000	13.86	10 000	176.6	2 779.05	0.77

表 3.18　单位网络传输延迟成本数据

序号	1	2	3	4	5	6	7	8	9	10
1	0.89	2.19	3.73	3.04	0.74	1.86	5.36	7.20	3.69	6.21
2	7.27	4.95	1.76	4.59	7.24	11.72	0.18	2.12	3.27	2.52
3	3.65	2.90	1.47	3.31	4.61	6.04	1.80	1.89	1.22	1.57
4	0.28	0.35	0.92	0.63	0.62	0.86	1.28	1.53	0.67	1.38
5	4.94	4.08	2.74	4.19	6.54	8.29	1.83	1.06	2.48	0.60
6	4.30	7.18	10.40	9.11	4.98	3.58	12.34	13.24	8.82	16.45
7	0.52	1.09	1.93	1.37	0.41	0.45	2.52	2.45	1.71	2.55
8	4.01	2.01	5.73	1.81	1.69	4.11	6.08	8.80	5.03	9.16
9	1.94	1.32	4.10	2.72	2.29	4.79	6.24	7.00	3.69	8.06
10	2.78	1.19	4.38	2.66	3.51	5.56	6.57	7.40	3.31	6.74

表 3.19　防御后数据中心发生中断事故时剩余资源比例

序号	1	2	3	4	5	6	7	8	9	10
ε_2	0.33	0.68	0.73	0.37	0.21	0.39	0.65	0.88	0.22	0.73
ε_3	0.42	0.65	0.54	0.96	0.47	0.15	0.14	0.6	0.72	0.43
ε_4	0.85	0.1	0.12	0.67	0.15	0.5	0.12	0.1	0.45	0.32
ε_5	0.2	0.5	0.97	0.39	0.93	0.88	0.14	0.95	0.87	0.22
ε_6	0.1	0.67	0.63	0.44	0.63	0.19	0.99	0.84	0.42	0.63
ε_7	0.91	0.86	0.17	0.39	0.34	0.81	0.49	0.26	0.62	0.53

表 3.20　防御后数据中心发生中断事故时剩余资源各比例对应的概率

序号	1	2	3	4	5	6	7	8	9	10
ρ_{j1}	0.443	0.445	0.822	0.206	0.539	0.703	0.886	0.927	0.077	0.526
ρ_{j2}	0.988	0.320	0.257	0.879	0.164	0.198	0.110	0.747	0.178	0.088
ρ_{j3}	0.989	0.427	0.878	0.124	0.670	0.656	0.060	0.633	0.592	0.247
ρ_{j4}	0.595	0.448	0.474	0.166	0.094	0.150	0.420	0.742	0.611	0.464
ρ_{j5}	0.403	0.631	0.342	0.054	0.526	0.437	0.099	0.617	0.255	0.620
ρ_{j6}	0.398	0.606	0.107	0.810	0.997	0.153	0.777	0.696	0.333	0.994
ρ_{j7}	0.704	0.893	0.015	0.992	0.311	0.556	0.747	0.579	0.248	0.519
ρ_{j8}	0.401	0.116	0.592	0.123	0.492	0.790	0.193	0.068	0.466	0.230

此外,考虑峰谷电耗的调节系数 α 为 0.8,计算资源和存储资源相互的配置数量比例上限为 1.5 和 2,各自的峰值耗电量均为 1。全生命周期防御成本预算上限为 4 519.18。

图 3.4 展示了作为双模问题和多模问题分别建模优化所获最优方案。

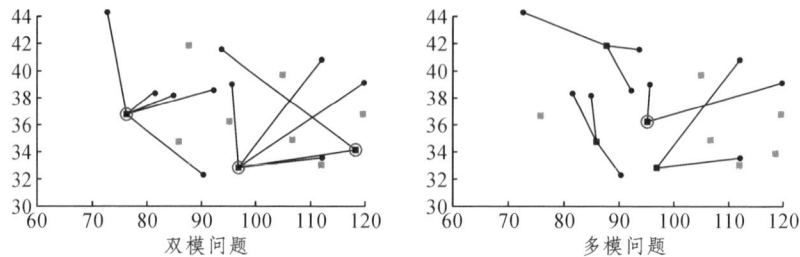

● 需求点 　■ 选中数据中心候选点 　■ 未选中数据中心候选点 　○ 防御—需求分配
图 3.4　双模问题与多模问题最优方案(正常运营状态)比较

如图 3.4 左图所示,若按照双模问题建模优化,最优方案选中 3 个数据中心候选点,对它们全部进行防御,按照模型假设可推定数据中心集群在全生命周期没有异常运营阶段、不需要确定相应的再分配决策。如图 3.4 右图所示,若按照多模问题建模优化,最优方案选中 4 个数据中心候选点,但只对其中 1 个进行防御,按照模型假设可推定数据中心集群在全生命周期可能遭遇多类异常运营状态实例及每类中的多种不同情景,对其中每一类每一种情景都需要确定相应的再分配决策。图 3.5 展示了此时的再分配决策。

图 3.5 中上行展示了 3 个未防御的数据中心遭遇中断风险、发生中断时的再分配决策。此时,需要将原分配至这些数据中心的需求完全重新分配至还具备相应能力的其他数据中心。图 3.5 中下行展示了防御的数据中心遭遇中断风险、至少部分中断的 7 种异常运营情景所对应的再分配决策,括号中标注的数字为相应的情景代号。此时,情景 2、3、5、6、7 中,发生中断的数据中心尚具备一定能力、可服务原分配至它的部分需求,只需要重新分配其他需求;情景 4 中,发生中断的数据中心虽然还具备一定能力,但剩余比例过低而不能满足任一原分配至它的需求,因此与完全中断时一样,需要重新分配所有需求。比较下左和下中图,可见部分中断时的

再分配决策,即将哪个或哪些原分配至发生中断事故的数据中心的需求点转移至其他数据中心,与具体的异常运营情景有关。

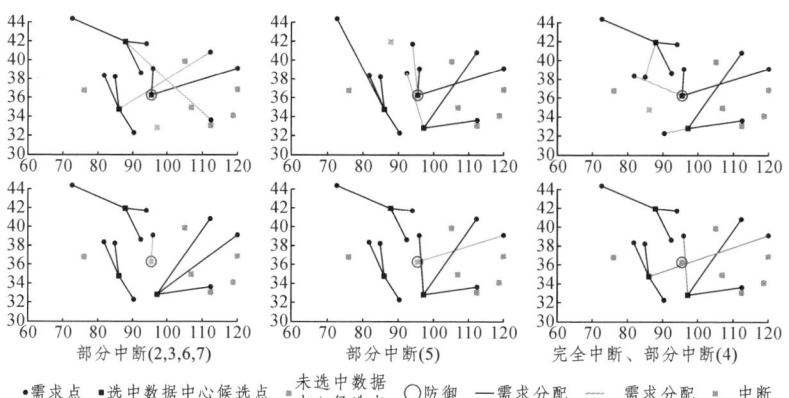

图 3.5 多模问题再分配决策示例

图 3.4 和图 3.5 表明,按照双模问题与多模问题分别建模优化得到的方案不尽相同:双模问题所获方案将启用较少的数据中心、单一数据中心处理的需求较多,数据中心集群防御率较高;多模问题所获方案将启用较多的数据中心,单一数据中心处理的需求较少,数据中心集群防御率较低,对应的异常运营状态类型和情景较多。进一步比较可以发现,按照双模问题建模优化所获全生命周期总成本较低,而按照多模问题建模优化时较高。但是,多模问题更符合现实情况,按照双模问题建模所获方案在中断风险不确定的环境中可能不可行、无法很好地指导企业实践。在多模问题中,防御后的数据中心也存在中断风险,因此往往需要建立更多的数据中心或者配置更为冗余的资源量,这是其所获方案成本较高的原因。

以下将直接影响数据中心防御应对权衡的防御成本和中断修复成本作为一组,表明数据中心计算需求特征的需求到达率和对资源的单位需求量作为一组,影响数据中心服务质量的单位延迟成本和单位网络传输延迟成本作为一组,数据中心遭遇随机事件的概率单独作为一组,探索各组参数变化时各决策的相应变化,开展敏感性分析。将分别按照双模问题和多模问题建模优化,进行数值计算,对比所获方案,为具有多样和独特数据中心计算需求的企业制定数据中心集群全生命周期建设、运营和应急方案提供决策支持。

1. 防御成本和中断修复成本的影响

保持其他参数不变,将区间[100,10 000]均匀分解为10个子区间,这些子区间分别对应了10类不同的防御成本水平和10类不同的中断修复成本水平;将这些防御成本水平和中断修复成本水平两两组合,一共得到100对区间组合;分别从每一对区间组合中均匀抽样,随机地获得防御成本实现值和中断修复成本实现值进行计算;针对每一对区间组合,如此反复抽样计算100次。

若按照双模问题建模优化,计算表明,在每一对区间组合中都将对所有数据中心进行防御。若按照多模问题建模优化,计算结果如图3.6所示。

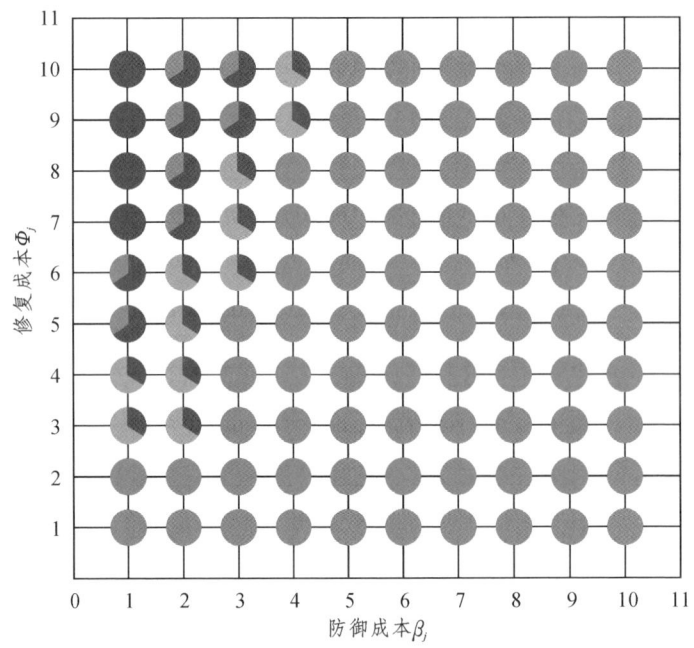

图 3.6 防御成本和中断修复成本对防御决策的影响

图 3.6 中饼状图展示了在防御成本水平和中断修复成本水平两两组合得到的同一对区间组合大量算例中,进行防御的数据中心数量在启用数据中心总量中的占比。其中,深色部分表示防御的数据中心所占比例,浅色

部分表示不防御的数据中心所占比例。当防御成本较低且中断修复成本较高时,将对较多的数据中心采取防御措施。

2. 需求到达率和需求资源量的影响

需求到达率表征了企业云服务数据中心需求的频率,而需求资源量表征了企业云服务数据中心需求的负荷。针对这两类参数进行敏感性分析,保持其他参数不变,将区间[0,50]均匀分解为10个子区间,这些子区间分别对应了10类不同的需求到达率水平和10类不同的需求资源量水平;将这些需求到达率水平和需求资源量水平两两组合,一共得到100对区间组合;分别从每一对区间组合中均匀抽样,随机地获得需求到达率实现值和需求资源量实现值进行计算;针对每一对区间组合,如此反复抽样计算100次。

若按照双模问题建模优化,计算表明,当需求到达率和需求资源量都较低时,将全部数据中心采取防御措施;在两者均较高时则可能只对部分数据中心进行防御。若按照多模问题建模优化,计算结果如图3.7所示。

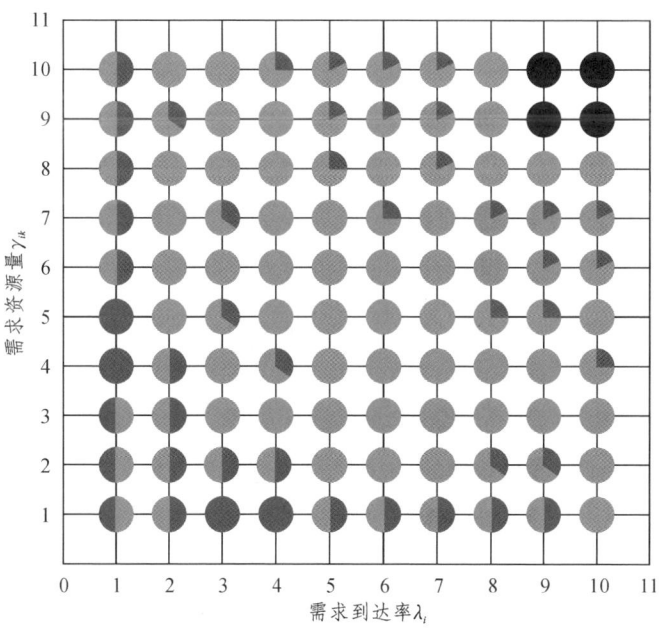

图3.7 需求到达率和需求资源量对防御决策的影响

图 3.7 通过饼状图展示了在需求到达率水平和需求资源量水平两两组合得到的同一对区间组合大量算例中，进行防御的数据中心数量在启用数据中心总量中的占比。其中，颜色较深部分表示防御的数据中心，颜色较浅部分表示不防御的数据中心所占比例，右上角 4 个颜色最深的圈表示无可行解。数据中心的防御比例受到需求到达率和需求资源量共同影响而呈现复杂的波动。当需求到达率或需求资源量非常小时，更可能对较多的数据中心采取防御措施；随着两者逐渐增大，防御比例将下降甚至完全不防御；随着两者进一步增大，防御比例将回升，但仍低于最初的比例；当需求到达率和需求资源量非常大时，防御比例又将下降甚至完全不防御。探究其机理，这种波动现象与启用数据中心数量和资源配置所对应的资源紧缺程度有关。在需求到达率或需求资源量增加的过程中，启用数据中心数量为离散的阶梯状增长：在该数量一定时，需求到达率和需求资源量较低则资源宽裕、防御的价值较低，防御的数据中心所占比例较低，随着两者增长则资源变得越来越紧缺、防御的价值提升，防御的数据中心所占比例增大；随着需求到达率和需求资源量不断增大，启用数据中心数量跳增至新台阶，资源由紧缺再度变成宽裕，防御的数据中心占比由高变低。

3.3 本章小结

本章关注企业在构建数据中心服务能力时所面临的中断风险，考虑企业自建自营数据中心集群全生命周期运营管理中的防御和应急响应问题，解决了企业针对数据中心选址、算力资源分配、针对中断风险的防御、正常和异常运营阶段的供给需求路由等的复合决策问题。

在模型建立上，以综合成本为优化目标建立了混合整数规划模型，考虑了数据中心建设的固定投资额和全生命周期防御与修复成本、能源消耗成本、网络节点间传输延迟和数据中心内部处理延迟等的延迟成本等。这些成本受到数据中心选址、算力资源分配、针对中断风险的防御、供给需求路由等决策的影响，尤其是在数据中心集群未发生中断的正常运营阶段和发生中断的异常运营阶段有不同的形式。

首先考虑了防御结果确定的情形，即数据中心只存在正常运营和完全中断两种模式的双模中断问题。其次考虑了防御结果不确定的情形，即数据中心除正常运营和完全中断外，还可能以多种不同的剩余资源比例继续提供服务的多模中断问题。其中，双模中断问题是基础模型，多模中断问题在其基础上拓展考虑数据中心中断后剩余资源比例可依一定的离散概率分布随机实现。与此相对应的，在双模问题中只需要考虑完全中断后的应急响应，而在多模问题中需要根据剩余资源比例情况分别考虑多种不同的应急响应，进而确定异常运营阶段的供给需求路由决策。

在模型求解上，在基于增强精英保留策略的多染色体遗传算法框架内，分两步分别近似求解了双模中断和多模中断问题。其中，外层主问题确定数据中心建设点位、各数据中心资源配置、正常运营阶段的需求-数据中心指派和防御等决策，内层子问题针对双模中断问题中的每一种异常运营状态或多模中断问题中每一类异常运营状态的每一种情景，确定异常运营阶段的需求点-数据中心应急指派决策。

针对小规模问题，以部分枚举算法获得最优解，作为绩效基线。本章所提出的求解算法在双模中断问题中，可在更短的时间内找到全局最优精确解，节省时间最高可达 94.14%；在多模中断问题中，同样可在更短的时间内找到全局最优精确解，节省时间最高可达 95.56%。在大规模算例上，该算法无论在双模中断问题还是在多模中断问题中，都具有较好的收敛性，平均偏差基本在 5% 以内。

数值算例表明，按照双模中断问题建模优化所获方案将启用较少的数据中心，单一数据中心处理的需求较多，数据中心集群防御率较高；按照多模中断问题建模优化所获方案将启用较多的数据中心，单一数据中心处理的需求较少，数据中心集群防御率较低，对应的异常运营状态类型和情景较多。进一步的敏感性分析表明，在多模中断问题中：当防御成本较低且中断修复成本较高时，将对较多的数据中心采取防御措施；当需求到达率和需求资源量变动时，防御的数据中心所占比例呈现出交替增加和降低的波动。

第 4 章 数据中心集群设计与服务定价优化[①]

本书在第 2 章中研究了企业为满足自身需求建设数据中心网络时，在自建自营、托管服务器或购买云计算服务等多种模式中所做的选择，开展了跨模式比较。其中，购买云计算服务这种模式，在需求到达率水平或资源需求量水平很低、单位延迟成本水平或路阻系数水平较高、数据安全成本水平较低、运营周期较短等情形中具有相对优势。

实际上，得益于企业数据中心需求的快速增长，数据中心集群已被视为一种重要的数字基础设施，而大量数据中心服务运营商通过向企业，尤其是中小型企业和初创企业提供数据中心云服务而营利。

在此基础上，本章考虑这些服务运营商的数据中心集群选址、路由和服务定价的联合优化，针对 3 种不同定价模式，通过优化数据中心选址、计算资源配置、需求路由匹配和各模式下的服务价格等参数，最大化云计算服务运营商的利润。

4.1 模型与问题

考虑服务运营商计划在多个不同点位提供数据中心云计算服务，并将每个点位的所有需求分配给同一个数据中心。记该服务运营商所有潜在需求点的集合为 $\mathcal{I} = \{1, 2, 3, \cdots, I\}$。不失一般性，假设各需求点的需求相互独立且不可分割。需求点 i 处的需求具有同质性，其按泊松分布随机到达，到达率为 λ_i 且不随时间发生变化。

[①] 部分内容曾收录于：祝天琪. 云计算数据中心站点选址及服务定价优化研究[D]. 西南交通大学，2021.

记服务运营商建设数据中心集群所有候选点的集合为 $\mathcal{J} = \{1, 2, 3, \cdots, J\}$。

为满足客户使用数据中心云服务的需求,服务运营商需要提供算力、存储等多种资源。记所有资源类型的集合为 $\mathcal{K} = \{1, 2, 3, \cdots, K\}$,需求点 i 对资源 k 的需求量为 r_{ik}。

服务运营商将为其数据中心云计算服务定价。考虑服务运营商可能的 3 种定价模式,即按使用次数收费(简称"按次模式")、按使用时长收费(简称"按时模式")和二部定价。在按次模式下,用户在获得数据中心云计算服务时,不区分其使用时长和负载强度等,只按使用频率付费。对用户的每次使用而言,这种收费方式是一次性的固定费用,与只收取注册费用或订阅费用的方式比较接近,在数学上可等价地转化为后两种形式。在按时模式下,用户在获得数据中心云计算服务时,根据其使用的时间长度来支付费用。对用户的每次使用而言,这种收费方式往往对应可变的、随着用户使用时间增长而增加的费用,体现了用户需求负载强度的影响。二部定价则是指数据中心云计算服务运营商向用户同时收取前述两种费用,即每次使用时不仅收取固定的注册费用,也按使用时长收取可变的从量费用。

于是,服务运营商面临的决策如下:用 x_j 表示是否选择候选点 j,y_{jk} 表示在该点资源 k 的投入量,z_{ij} 表示是否通过该点向需求点 i 提供服务;用 u_j 表示数据中心 j 处收取的注册固定费用,v_j 表示数据中心 j 处收取的从量可变费用。

4.1.1 数据中心服务运营商的营收

记服务运营商的营收为 R,其具体值与所采取的定价模式有关。在按次模式下,服务运营商的营收 R 是其需求路由决策 $Z = \{z_{ij} | i \in \mathcal{I}, j \in \mathcal{J}\}$ 和定价决策 $U = \{u_j | j \in \mathcal{J}\}$ 的函数,具体形式如下:

$$R(Z, U) = \sum_{\mathcal{J}} \sum_{\mathcal{I}} u_j \lambda_i z_{ij} \qquad (4.1)$$

式中，λ_i 为需求点 i 处的需求到达率。

在按时模式下，服务运营商的营收 R 是其在各数据中心的资源配置决策 $Y = \{y_{jk} | j \in \mathcal{J}, k \in \mathcal{K}\}$、需求路由决策 Z 和定价决策 $V = \{v_j | j \in \mathcal{J}\}$ 的函数，具体形式如下：

$$R(Y,Z,V) = \sum_{\mathcal{J}} \sum_{\mathcal{K}} \frac{\sum_{\mathcal{I}} v_j \lambda_i r_{ik} z_{ij}}{y_{jk} - \sum_{\mathcal{I}} \lambda_i r_{ik} z_{ij}} \qquad (4.2)$$

式中，λ_i 为需求点 i 处的需求到达率，r_{ik} 是需求点 i 所发出需求对于资源 k 的需求量。（4.2）式与第 2 章所述（2.4）式中的处理延迟类似，可参考 Liang et al.（2021）的工作，运用针对服务台共享排队系统的经典结论来刻画得到。

在二部定价模式下，服务运营商的营收 R 是其资源配置决策 Y，需求路由决策 Z 和定价决策 U、V 的函数，具体形式如下：

$$R(Y,Z,U,V) = \sum_{\mathcal{J}} \sum_{\mathcal{I}} u_j \lambda_i z_{ij} + \sum_{\mathcal{J}} \sum_{\mathcal{K}} \frac{\sum_{\mathcal{I}} v_j \lambda_i r_{ik} z_{ij}}{y_{jk} - \sum_{\mathcal{I}} \lambda_i r_{ik} z_{ij}} \qquad (4.3)$$

即形式上为前两种定价模式下的营收之和。

注意到，在公式（4.1）~（4.3）中，需求点 i 处的需求到达率 λ_i 事实上受到数据中心云计算服务价格的影响。考虑需求点 i 处的消费者需求对固定费用 U 和可变费用 V 的线性价格弹性分别为 β_i^u 和 β_i^v。于是，若各数据中心处的云计算服务价格不同则将导致异质的需求到达率，记为 $\lambda_{ij} = \lambda_i - \beta_i^u u_j - \beta_i^v v_j$；若各数据中心处的云计算服务价格相同则需求到达率仍同质，在不至产生误解时仍使用 λ_i 表示。

4.1.2 数据中心服务运营商的成本

服务运营商在决策时除考虑其营收外，与第 2 章类似，还需要综合考虑提供数据中心云计算服务的直接成本和因响应延迟等低服务质量所带来的间接成本。

服务运营商的直接成本与第 2 章所讨论自建自营模式的直接成本较为接近，是其对数据中心集群建设点位决策 X 和资源配置决策 Y 的函数，记为 $C(X,Y)$，其形式如下：

$$C(X,Y) = \sum_{\mathcal{J}} f_j x_j + \alpha \sum_{\mathcal{J}} \sum_{\mathcal{K}} p_j h_{jk} y_{jk} \tag{4.4}$$

式中，f_j 和 p_j 分别为数据中心 j 的基础设施建设成本和单位电价，h_{jk} 为数据中心 j 处资源 k 的电力功耗峰值，α 为考虑到峰谷电价波动而设置的比例系数。

服务运营商的间接成本主要考虑对用户需求的服务延迟所带来的潜在损失。用户需求自发出到在数据中心处理完毕之间的延迟包括数据中心外部网络节点间的传输延迟和数据中心内部的处理延迟。这两部分与第 2 章所述类似，故不再赘述，而直接给出其形式如下：

$$D(Y,Z) = \sum_{\mathcal{J}} \sum_{\mathcal{I}} \lambda_{ij} \tau_{ij} z_{ij} + \sum_{\mathcal{J}} \sum_{\mathcal{K}} \frac{\sum_{\mathcal{I}} \theta_i \lambda_{ij} r_{ik} z_{ij}}{y_{jk} - \sum_{\mathcal{I}} \lambda_{ij} r_{ik} z_{ij}} \tag{4.5}$$

式中，λ_i 为需求点 i 处的需求到达率，τ_{ij} 为需求点 i 和数据中心 j 之间的路阻系数，θ_i 为因服务响应延迟而在需求点 i 处产生的单位损失，r_{ik} 是需求点 i 所发出需求对于资源 k 的需求量。

4.1.3 数据中心服务运营商的利润最大化问题

服务运营商基于其所获营收和所产生成本计算自身利润，以利润最大化为目标，优化确定各决策变量的值。在前述分析基础上，针对按次、按时和二部定价 3 种定价模式，分别有问题 (PR1)、(PR2) 和 (PR3)。这 3 个问题的区别在于服务运营商的营收形式不同。

为节省篇幅，以问题 (PR) 的形式给出它们的具体形式。其中，δ_1 和 δ_2 均为 0–1 的整数，当采用按时模式时有 $\delta_1 = 1$，当采用按次模式时有 $\delta_2 = 1$，当采用二部定价模式时则两者均为 1。于是，对问题 ($PR1$)，有 $\delta_1 = 1$ 和 $\delta_2 = 0$；对问题 ($PR2$)，有 $\delta_1 = 0$ 和 $\delta_2 = 1$；对问题 ($PR3$)，有 $\delta_1 = 1$ 和 $\delta_2 = 1$。

$$(PR) \quad \min Z = (1-\delta_1) \sum_{\mathcal{J}} \sum_{\mathcal{I}} u_j \lambda_{ij} z_{ij} + (1-\delta_2) \sum_{\mathcal{J}} \sum_{\mathcal{K}} \frac{\sum_{\mathcal{I}} v_j \lambda_{ij} z_{ij}}{y_{jk} - \sum_{\mathcal{I}} \lambda_{ij} r_{ik} z_{ij}} -$$

$$\sum_{\mathcal{J}} f_j x_j - \alpha \sum_{\mathcal{J}} \sum_{\mathcal{K}} p_j h_{jk} y_{jk} - \sum_{\mathcal{J}} \sum_{\mathcal{I}} \lambda_{ij} \tau_{ij} z_{ij} -$$

$$\sum_{\mathcal{J}} \sum_{\mathcal{K}} \frac{\sum_{\mathcal{I}} \theta_i \lambda_{ij} r_{ik} z_{ij}}{y_{jk} - \sum_{\mathcal{I}} \lambda_{ij} r_{ik} z_{ij}} \tag{4.6a}$$

s.t. $\quad z_{ij} \leq x_j, \quad \forall i \in \mathcal{I}, j \in \mathcal{J}$ (4.6b)

$\sum_{\mathcal{J}} z_{ij} = 1, \quad \forall i \in \mathcal{I}$ (4.6c)

$\sum_{\mathcal{I}} \lambda_{ij} r_{ik} z_{ij} < y_{jk}, \forall j \in \mathcal{J}, k \in \mathcal{K}$ (4.6d)

$\sum_{\mathcal{K}} y_{jk} h_k \leq w_j, \forall j \in \mathcal{J}$ (4.6e)

$y_{jk} \leq y_{jl} e_{kl}, \quad \forall j \in \mathcal{J}, \forall k, l \in \mathcal{K}$ (4.6f)

$x_j, z_{ij} \geq \{0,1\} \quad \forall i \in \mathcal{I}, j \in \mathcal{J}$ (4.6g)

$y_{jk} \geq 0 \quad \forall j \in \mathcal{J}, k \in \mathcal{K}$ (4.6h)

其中，约束（4.6b）表示只有建设并运营某数据中心后才能够在该处向用户提供数据中心服务，约束（4.6c）表示所建设数据中心集群将满足所有需求点处的需求，约束（4.6d）表示在任一数据中心处配置的各项资源 y_{jk} 必须分别满足向其分配需求所要求的总资源量，约束（4.6e）表示在任一数据中心处配置的资源总耗能必须满足当地的电力负荷 w_j，约束（4.6f）表示在任一数据中心处配置的各项资源比例必须适当，约束（4.6g）和（4.6h）分别为决策变量的二进制约束和非负约束。

表 4.1 汇总给出了优化模型中所使用的符号。

表 4.1　符号描述

符号	描述
$\mathcal{I} = \{1,2,3,\cdots,I\}$	需求点集合
$\mathcal{J} = \{1,2,3,\cdots,J\}$	数据中心候选点集合
$\mathcal{K} = \{1,2,3,\cdots,K\}$	资源类型集合
r_{ik}	需求点 i 处对于 k 类资源的需求量
θ_i	需求点 i 处的单位延迟成本
λ_i	不考虑价格时需求点 i 处的需求到达率
λ_{ij}	受数据中心 j 处价格影响的需求点 i 处的需求到达率
β_i^u	需求点 i 处的需求对云计算服务固定费用的线性价格弹性
β_i^v	需求点 i 处的需求对云计算服务可变费用的线性价格弹性
f_j	数据中心候选点 j 处的固定成本费用
p_j	数据中心候选点 j 处的电价
τ_{ij}	需求点 i 和数据中心候选点 j 之间的路阻系数
h_{jk}	数据中心候选点 j 处资源 k 的电力功耗峰值
w_j	数据中心候选点 j 处最大能源供应
α	峰值消耗电量比例系数
e_{lk}	数据中心中资源 l 和资源 k 的最大比例
决策变量	描述
x_j	$x_j = 1$ 时表示使用数据中心 j，否则 $x_j = 0$
y_{jk}	数据中心候选点 j 处资源 k 的配置量
z_{ij}	$z_{ij} = 1$ 时表示数据中心候选点 j 向 i 提供服务，否则 $z_{ij} = 0$
u_j	数据中心候选点 j 处收取的注册固定费用
v_j	数据中心候选点 j 处收取的从量可变费用

4.2　问题求解

本章采用遗传算法对问题 (*PR*1)、(*PR*2) 和 (*PR*3) 进行求解。

为保持论述的完整性，以下将首先简要地介绍基于遗传算法求解的基本思路，然后验证基于这种思路求解本章所研究问题的有效性。

4.2.1 遗传算法简介

遗传算法借鉴生物种群"适者生存"的演化方式，从随机产生的初始种群也即初始解，开始演化迭代，直至得到较为满意的结果。在种群演化迭代的过程中，通过适应度来衡量当前种群中各个体的适应程度，也即不同当前解的优劣程度。种群代际迭代可采用选择变异方式，即从父代种群中选取部分个体，进行交叉或变异操作得到子代种群的新个体。

从父代种群中选择个体的概率与该个体的适应度有关，适应度高的个体被选中的概率一般较大。具体的选择方式较多，常见方式包括轮盘赌、期望值、随机竞争和锦标赛等。本章采用轮盘赌方式选取。在这种方式下，父代个体被选中的概率仅与其适应度有关而与其他因素无关。可以形象地将随机选择的事件空间描述为一个被划分成若干个扇形区域的轮盘，其中每一个扇形区域对应于父代群体中的一个个体。该扇形区域的面积占轮盘总面积的比例等于该个体的适应度占当前父代群体全部个体适应度之和的比例，即该个体的适应度越大则其所占面积越大、被选中的概率也越大。于是，产生随机数，或者更为形象地，旋转虚拟轮盘并等待轮盘停下，选中轮盘指针所指向的个体。不断重复上述过程，直至选出所需数量的个体时停止。

可对选取的父代个体采用交叉和变异操作以获得新的个体。

交叉操作是按照一定概率，以某种方式令成对个体互换部分"基因"片段，从而组合得到两个新的个体。交叉概率越大，产生新个体的可能性越高。与此同时，对应于高适应度的个体结构也越可能迅速被破坏而消失。

变异操作是按照一定概率，改变单个个体的部分"基因"片段，从而产生具有新特征或新性状的个体。该操作可以提高遗传算法的探索能力，有可能跳出局部最优解，找到更优的解决方案。

当种群演化迭代到预先给定的最大迭代次数时，一般即终止算法。

4.2.2 算法验证

以一个小规模问题作为数值案例，将使用遗传算法获得的解与使用遍历方法获得的解进行比较，从而验证算法效果。

考虑 3 个待服务需求点和 3 个数据中心候选点。各需求点的需求到达率均为 $\lambda_i=1$，单位延迟成本为 $(\theta_i)=(2,2,1)$。数据中心需要 2 种计算资源，同一数据中心 2 种资源能够兼容的配置量的最大比例均为 1。数据中心候选点 j 处的固定成本费用为 $(f_j)=(3,2,2)$，电价为 $(p_j)=(3,2,1)$，最大能源供应 $w_j=10$、资源 k 的电力功耗峰值 $h_{jk}=1$。峰值消耗电量的比例系数 $\alpha=1$。

首先在表 4.2 中展示了通过遍历求解得到的该小规模案例在采用二部定价模式时的所有方案和对应最优利润。为简化，表中方案仅展示了针对数据中心云计算需求、在需求点和数据中心之间的指派结果，基于该结果可推出相应的数据中心候选点选择决策。

表 4.2 小规模案例二部定价模式遍历求解结果

方案	利润	方案	利润	方案	利润
(1,1,1)	22	(2,1,1)	21	(3,1,1)	28
(1,1,2)	25	(2,1,2)	24	(3,1,2)	31
(1,1,3)	25	(2,1,3)	23	(3,1,3)	30
(1,2,1)	26	(2,2,1)	25	(3,2,1)	32
(1,2,2)	29	(2,2,2)	28	(3,2,2)	35
(1,2,3)	31	(2,2,3)	27	(3,2,3)	34
(1,3,1)	25	(2,3,1)	28	(3,3,1)	31
(1,3,2)	32	(2,3,2)	34	(3,3,2)	36
(1,3,3)	32	(2,3,3)	35	(3,3,3)	38

由表 4.2 可知，该小规模案例在采用二部定价模式时的最优指派方案为 (3,3,3)，即将 3 个待服务需求点的云计算需求均指派给第 3 个数据中心候选点，也即只在该候选点建设数据中心。此时，企业的最优利润为 38。

设置遗传算法种群规模为 200，交叉概率为 0.8，变异概率为 0.1。图 4.1 展示了运用遗传算法求解该小规模算例的结果。

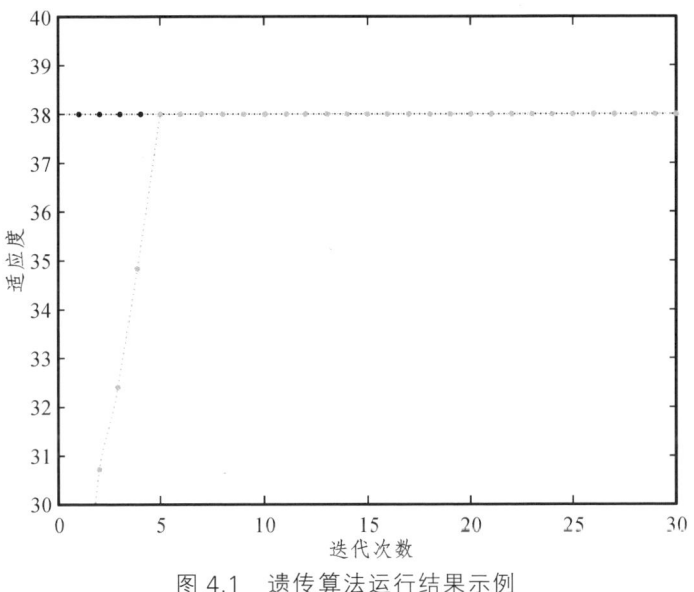

图 4.1　遗传算法运行结果示例

如图 4.1 所示，多次运行该算法的结果一致性较高、寻优速度较快。算法所设定的适应度函数为运营商利润的倒数，其数值 0.263 正对应于利润为 38，与遍历求解结果一致。

4.2.3　算例分析

以下通过一个数值案例展示云计算服务运营商考虑定价决策时的数据中心集群建设问题。

以某国有特大型通信骨干企业作为算例背景，生成假想算例。考虑该企业在我国 10 个省份为用户提供数据中心云计算服务，可在其中每个省份的省会城市建设数据中心为该省及其他省份提供服务，即有 10 个待服务需求点和 10 个数据中心候选点。与 Liang et al.(2021)等相关研究一致，考虑各需求点的需求到达率与该省用户数有关，这些需求点处的消费者需求对固定费用和可变费用的线性价格弹性分别为 $\beta_i^w = 0.5$ 和 $\beta_i^v = 200$。考虑因服务响应延迟而在各需求点处产生的单位损失 $\theta_i = 1$，各需求点与数据中心候选点之间的路阻系数 $\tau_{ij} = 2$。数据中心需要 2 种计算资源，同一数据中心 2 种资源能够兼容的配置量最大比例均为 1。与 Liang et al.(2021)等相关研究一致，考虑数据中心候选点 j 处的固定成本费用与该省人均 GDP 有关，电价为当地工商业单位用电价格，最大能源供应 $w_j = 100$、资源 k 的电力功耗峰值 $h_{jk} = 10$。峰值消耗电量的比例系数 $\alpha = 0.5$。

设置遗传算法种群规模为 200，交叉概率为 0.8，变异概率为 0.1。

表 4.3 展示了用户数、工商业单位用电价格、人均 GDP 等相关数据。

表 4.3 算例数据

省份	数据中心候选点（编号）	用户数/万户	工商业单位用电价格/（元/千瓦时）	人均 GDP/万元
四川	成都（1）	1 367	0.777 5	9.56
江苏	南京（2）	1 137	0.765 4	11.43
广东	广州（3）	1 023	0.758 4	15.8
浙江	杭州（4）	723	0.759 7	14.3
安徽	合肥（5）	583	0.711 6	9.8
河北	石家庄（6）	550	0.650 9	5.59
湖南	长沙（7）	548	0.788 0	13.9
陕西	西安（8）	494	0.714 6	8.68
福建	福州（9）	479	0.683 7	10.2
湖北	武汉（10）	456	0.804 4	13.63

不考虑云计算服务价格相关决策，运用遗传算法求解，最优目标函数值为 20 169。所获方案选定 5 个数据中心候选点，分别为南京、广州、杭州、石家庄和福州。在这些点位的资源分配数量分别为 3 547、1 024、1 180、551 和 1 063。相应的需求点与数据中心指派结果如表 4.4 所示。

表 4.4　算例所获方案的需求点与数据中心指派结果

需求区域	所分配的数据中心
四川	南京
江苏	南京
广东	广州
浙江	杭州
安徽	福州
河北	石家庄
湖南	南京
陕西	南京
福建	福州
湖北	杭州

将云计算服务价格相关决策考虑进来，运用遗传算法求解，3 种定价模式下各自所获利润值、相应的定价策略和需求点与数据中心指派结果如表 4.5 所示。

表 4.5　考虑定价决策时所获方案

利润	固定费用	可变费用	需求点与数据中心指派结果
按次定价			
26 855	$u_2 = 3\,370$ $u_4 = 5\,138$ $u_6 = 2\,266$ $u_8 = 3\,946$	—	(4,2,8,4,6,6,2,8,4,8)

续表

利润	固定费用	可变费用	需求点与数据中心指派结果
按时定价			
25 300	—	$v_2 = 8.16$ $v_3 = 11.95$ $v_4 = 5.90$ $v_5 = 8.06$ $v_7 = 2.74$	(3,2,3,4,5,5,7,2,5,4)
二部定价			
2 8235	$u_2 = 3\,262$ $u_3 = 5\,876$ $u_4 = 2\,358$ $u_6 = 1\,100$ $u_9 = 2\,124$	$v_2 = 8.16$ $v_3 = 14.70$ $v_4 = 5.89$ $v_6 = 2.75$ $v_9 = 5.31$	(3,2,3,4,9,6,3,2,9,4)

根据表 4.5 中计算结果，该企业通过以利润最大化为目标，对数据中心选址、资源配置、需求指派、定价等进行联合优化，可得到 3 种定价模式下的相应决策。在当前参数配置下，二部定价为最优定价模式，企业借此所获利润较高。进一步地分析所获方案，可见数据中心集群建设决策与定价决策存在交互影响，将两者脱离开来分别进行优化不利于企业运营。

接下来通过改变算例中的某种或某类参数值并重新计算，来探究所得结论对这些参数的敏感性。

首先，改变算例中各需求区域的用户数。该参数实际上决定了各需求点的需求到达率基准值。若用户数为 10 万户或 50 万户，3 种定价模式中最优模式为按次定价；若用户数为 100 万户，3 种定价模式中最优模式为按时定价；若用户数为 500 万户、1 000 万户或 5 000 万户，3 种定价模式中最优模式为二部定价。计算结果表明，用户数量影响数据中心云计算服务运营商的定价模式。随着用户数量由少逐渐增多，服务运营商的最优定价模式将由按使用次数收费逐渐转为按使用时长收费，再转为结合注册固定费用和从量可变费用的二部定价模式。由于用户数量与运营商进入市场的阶段和市场地位显著相关，所以新运营商或弱势运营商较适宜采用按次收费模式，而成熟运营商或强势运营商较适宜采用二部定价模式。

其次，改变算例中与服务响应速度和延迟有关的单位延迟成本以及路阻系数这一对参数。考虑单位延迟成本具有 1、10、100 这 3 种不同水平，分别代表低、中、高 3 种不同的延迟敏感程度。考虑路阻系数具有 1、2、5 这 3 种不同水平，分别代表高、中、低 3 种不同的数据基础设施建设情况。两者各自的 3 种水平两两组合，得到 9 种不同的情景。当企业处于低高、低中、中高、中中这 4 种情景时，3 种定价模式中最优模式为二部定价；处于低低、中低这 2 种情景时，3 种定价模式中最优模式为按时定价；处于高高、高中、高低这 3 种情景时，3 种定价模式中最优模式为按次定价。计算结果表明，消费者对服务响应速度和延迟的敏感程度以及数据基础设施建设情况影响数据中心云计算服务运营商的定价模式。当消费者对服务响应速度和延迟不太敏感、数据基础设施建设不太差时，服务运营商的最优定价模式为二部定价；消费者不太敏感而数据基础设施建设较差时，服务运营商的最优定价模式为按时定价；消费者比较敏感时，无论数据基础设施建设如何，服务运营商的最优定价模式均为按次定价。可见，面向高端或有特殊业务需求客户的运营商较适宜采用按次收费模式，而在数据基础设施建设较差环境中的运营商较适宜采用按时收费模式，其他情景中的运营商可采用二部定价模式。这些计算结果也表明，处于运营商外部、难以受到运营商直接影响的数据基础设施所带来的服务延迟，以及处于运营商内部、可受到运营商直接影响的数据中心内部延迟对运营商最优定价模式的影响是不同的。

最后，改变算例中与建设和运营成本有关的数据中心建设固定成本费用及其所在地的单位电价这一对参数。考虑建设固定成本费用具有 1、5、10 这 3 种不同水平，分别代表低、中、高 3 种不同的成本费用水平。考虑单位电价具有 1、1.5、2 这 3 种不同水平，分别代表低、中、高 3 种不同的运营电力能源成本水平。两者各自的 3 种水平两两组合，得到 9 种不同的情景。计算结果表明，在所考虑的范围内，建设固定成本费用和单位电价的变化对数据中心云计算服务运营商的定价模式影响不大，服务运营商的最优定价模式为二部定价。

4.3 本章小结

本章关注运营商企业在构建数据中心云计算服务能力时所面临的服务定价问题，考虑企业可能采用的 3 种不同定价模式所对应的利润最大化问题，解决了企业针对数据中心选址、算力资源分配、需求点与数据中心间指派、注册固定费用、从量可变费用等的复合决策问题。

在模型建立上，考虑了消费者只按使用频率付费而不区分使用时长和负载强度等的按次模式、消费者只按使用时间长度付费的按时模式、消费者既按次支付固定的注册费用又按使用时间支付可变的时长费用的二部定价模式，结合这 3 种模式，以企业利润为优化目标建立了混合整数规划模型，考虑了数据中心建设的固定投资、能源消耗成本、网络节点间传输延迟和数据中心内部处理延迟等的延迟成本等，尤其是考虑了消费者需求受所支付固定费用和可变费用影响的价格弹性特征。

针对所建立的优化模型，运用遗传算法进行了求解。首先，借助一个小规模算例验证了算法效果，可获得与遍历方法所获最优解一致的解。其次，以某国有特大型通信骨干企业作为背景生成假想算例，展示了所考虑问题、所建立模型和所开发算法的实际运用。

基于数值算例的敏感性分析表明：首先，用户数量影响数据中心云计算服务运营商的定价模式，用户规模较小的运营商较适宜采用按次收费模式，用户规模较大的运营商较适宜采用二部定价模式；其次，消费者对服务响应速度和延迟的敏感程度，以及数据基础设施建设情况对数据中心云计算服务运营商的定价模式具有不同的影响，服务于对延迟敏感的消费者的运营商较适宜采用按次收费模式；最后，建设固定成本费用和单位电价的变化对数据中心云计算服务运营商的定价模式影响不大。

第 5 章
数据中心集群建设算例应用

本章基于 2 个结合真实场景的具体算例，展示第 2 章和第 3 章中优化模型的应用。所陈述算例仅为展示模型与算法用途，因此其中相关参数的具体数值也仅适用于此用途，并不适用于其余场景中的决策支持，请读者注意到这一点。

5.1 C 企业数据中心网络建设算例[①]

本节针对第 2 章所关注的企业数据中心网络建设模式选择问题，以某全国性货运公司 C 企业为例，具体展示了企业面临自身数据中心网络服务需求时如何从自建自营、委托代管和购买服务等多种模式中进行选择。

5.1.1 算例背景与参数设计

C 企业是国内第一家以大数据、移动互联网和人工智能技术为支撑的智能货运调度公司，拥有中国最大的整车运力调度平台。该公司平台的货车司机注册人数超过 520 万人，业务涵盖我国 334 个城市，日周转量高达 136 亿吨·公里。当前，公司平台承担全国 31 个省区市（不含港澳台地区）的货物运输调度工作。随着 C 企业运输业务的不断扩大，其运力调度平台需要越来越多地在全国范围内处理企业运输排程、客户需求处理、需求与运力匹配等工作，对算力和数据存储的需求变得越来越大，面临着数据中心云计算服务的迫切需求，需要在考虑自身数据安全以及服务延迟等情况下构建自身的数据中心云计算能力，以满足当前需求以及未来的长远发展。

[①] 部分内容曾录于：宋俊佑. 基于疏解-汇集算法的数据中心网络设计研究[D]. 西南交通大学，2022.

C 企业可供选择的解决方案包括通过运营商作为承包商整体代建的自建自营方案、天下数据等供应商提供的数据中心托管方案，以及腾讯云或阿里云等提供的商用云计算方案等。为满足自身云计算数据中心需求，企业需要梳理业务需求、核算综合成本，选择兼具效益与效率的最优解决方案。本书第 2 章所考虑的数据中心建设模式选择问题可为企业决策提供支持。通过测量关键参数和优化求解，可针对 C 企业需求构建优化模型并求解，形成 3 种模式下可执行的数据中心建设方案，开展跨模式比对并最终确定最优方案。

首先量化确定模型的需求点相关参数。考虑到 C 企业对数据中心服务的需求主要是满足其运力平台所开展的运输车辆排程、运输路线规划业务需要和关键数据存储等，因此基于其相关业务数据推算相应参数。收集汇总了 C 企业于 2021 年 11 月至 2022 年 2 月期间在中国（不包括港澳台地区）的车辆运输业务数据，包含货物运输运单所体现的运量和时间等、依区域汇总后的运输发送频次、需求处理的时效紧急性、运输延迟造成的损失以及客户基础信息等，依据这些数据推算模型参数。几类重要参数的推算思路如下：

需求到达率 λ_i。C 企业运力业务需求，如某需求点需要运输货物或某地区需要额外增加排程等，随机地产生并访问其运力服务平台。根据企业历史数据，通过某地某时段提交的运输排程信息确定需求，取时段平均值作为该时段的需求到达率。

需求资源量 r_{ik}。C 企业通过其运力平台响应运输需求，开展智能运输、配送业务，这意味着其客户每一次访问该运力平台、针对货物运输的排程、运量安排等都将涉及和使用云计算数据中心计算与存储资源。所以，需求资源量是运输与运力服务需求访问量的函数，可通过相应数据推算得到。

需求点 i 处的单位延迟成本 θ_i。C 企业可能因为不能及时响应需求而遭受损失，其直接经济损失受需求类型影响，也可能因为货物延误导致客户离开而损失长期收益、商誉受损等产生间接经济损失。与 Dimitri（2020）

和 Liang et al.（2021）等文献一致，考虑客户对延迟的耐受程度与所在地区的 GDP 高度相关，来自越高 GDP 地区的客户对于及时响应需求的要求越高。所以，综合考虑需求类型和地区 GDP 推算各需求点处的单位延迟成本。

需求点 i 处业务需求发生安全事故的损失 ζ_i。C 企业可能因数据失窃或数据丢失等数据安全问题而遭受损失。与延迟成本类似，这种数据安全成本也包括与需求类型有关的直接经济损失和社会舆论、客户离开、商誉受损等产生的间接经济损失。与赵保国和张雅琼（2020）等文献一致，考虑客户对数据安全的重视程度与所在地区的经济发展程度相关。所以，综合考虑需求类型和地区经济发展水平等因素推算各需求点处的单位数据安全成本。

根据以上原则思路，基于 C 企业运营数据推算数据中心建设模式选择问题优化模型中需求点相关参数，汇总展示于表 5.1 中。

表 5.1 C 企业数据中心建设模式选择问题的需求点参数

序号	需求点	纬度	经度	需求到达率	计算资源	存储资源	延迟成本	数据安全成本
1	安徽	31.52	117.17	23.80	12.90	19.86	23.80	2 357.50
2	北京	39.55	116.24	4.60	3.30	3.87	50.25	1 148.00
3	福建	26.05	119.18	7.40	4.70	6.77	31.45	900.12
4	甘肃	36.04	103.51	4.00	3.00	4.01	27.00	361.20
5	广东	23.08	113.14	22.20	12.10	17.88	23.31	2 413.84
6	广西	22.48	108.19	8.80	5.40	8.09	30.80	779.90
7	贵州	26.35	106.42	1.40	1.70	1.35	14.00	175.00
8	海南	20.02	110.20	2.50	1.50	2.38	17.00	442.98
9	河北	38.02	114.30	25.60	13.80	21.02	20.48	2 402.40
10	河南	34.46	113.40	26.20	14.10	20.85	28.82	2 183.50
11	黑龙江	45.44	126.36	3.40	2.70	4.17	39.10	412.10
12	湖北	30.35	114.17	12.60	7.30	11.57	35.28	1 585.50

续表

序号	需求点	纬度	经度	需求到达率	计算资源	存储资源	延迟成本	数据安全成本
13	湖南	28.12	112.59	8.60	5.30	9.14	26.23	1 058.20
14	吉林	43.54	125.19	2.40	2.20	3.44	15.00	1 464.00
15	江苏	32.03	118.46	37.22	34.50	37.13	25.30	3 613.20
16	江西	28.40	115.55	8.80	5.40	9.26	44.00	1 156.40
17	辽宁	41.48	123.25	6.20	4.10	9.52	37.20	1 107.60
18	内蒙古	40.48	111.41	2.60	2.30	3.36	13.00	708.00
19	宁夏	38.27	106.16	2.33	1.70	2.52	9.10	243.20
20	青海	36.38	101.48	3.00	1.30	1.63	9.00	630.00
21	山东	36.40	117.00	27.70	28.70	42.43	36.01	4 184.43
22	山西	37.54	112.33	6.00	4.00	5.56	25.50	912.00
23	陕西	34.17	108.57	5.20	3.60	5.25	23.14	680.00
24	上海	31.14	121.29	13.20	7.60	9.48	22.44	5 088.00
25	四川	30.40	104.04	12.40	7.20	9.31	26.04	1 911.30
26	天津	39.02	117.12	6.00	4.00	6.02	10.80	1 054.20
27	西藏	29.39	91.08	1.40	1.10	1.15	12.00	150.00
28	新疆	43.45	87.36	2.33	1.70	1.86	21.70	180.60
29	云南	25.04	102.42	2.40	2.20	3.02	20.40	444.40
30	浙江	30.16	120.10	24.63	20.70	31.50	47.28	3 111.00
31	重庆	29.59	106.54	4.20	3.10	3.82	21.00	130.02

然后量化确定模型的数据中心候选点相关参数。针对自建自营模式，参考中国电信作为国内领先的运营服务提供商所提出的标准建设运维方案，即《中国电信数据中心一体化机房建设方案（2020年版）》，结合本书第2章针对建设成本的讨论，得到各数据中心候选点处的固定成本费用 f_j；基

于数据中心候选点所在地的工业标准电价①得到相关电力成本 p_j；基于当地人均 GDP 得到各类资源的单位管理费用 L_{jk}；与第 2 章采用相同的数据中心安全事故发生概率 ρ_j。根据以上原则思路，推算自建自营模式中数据中心候选点相关参数，展示于表 5.2 中。

表 5.2　C 企业数据中心自建自营模式的数据中心候选点参数

数据中心建设候选点	纬度	经度	固定成本	单位电价	电力上限	计算资源运营费用	存储资源运营管理费用	安全事故发生概率
合肥（1）	31.52	117.17	764 000	1.03	29 000	29.28	23.69	0.026
石家庄（2）	38.02	114.30	568 000	0.51	26 000	19.38	16.50	0.287
郑州（3）	34.46	113.40	568 000	0.65	27 000	23.96	19.82	0.015
武汉（4）	30.35	114.17	708 000	0.57	40 000	36.63	29.02	0.280
南京（5）	32.03	118.46	848 000	0.97	30 000	67.82	51.66	0.219
济南（6）	36.40	117.00	484 000	0.98	27 000	35.10	27.91	0.146
西安（7）	34.17	108.57	624 000	0.73	35 000	31.19	25.08	0.027
上海（8）	31.14	121.29	988 000	0.92	25 000	90.85	68.37	0.016
成都（9）	30.40	104.04	764 000	0.49	40 000	25.75	21.13	0.022
杭州（10）	30.16	120.10	792 000	0.97	34 000	54.08	41.69	0.163

针对委托代管模式，参考天下数据中心公司针对国内市场所提供托管地点及相应报价，推算与托管有关的场地租赁费用和资源运营管理费用等数据中心候选点相关参数，展示于表 5.3 中。

针对购买服务模式，参考腾讯云和阿里云等针对国内市场的报价，采用基础版实例，推算与云计算服务有关的注册费、资源费率和资源上限等数据中心候选点相关参数，展示于表 5.4 中。

---

① 数据来源：全国 28 省电价一览表，https://www.sohu.com/a/46 898 2578_146940，2021-10.

表 5.3　C 企业数据中心委托代管模式的数据中心候选点参数

数据中心候选点	纬度	经度	固定成本	计算资源管理费用	存储资源管理费用	计算资源上限	存储资源上限	安全事故发生概率
广州（1）	23.08	113.14	98 000	77.12	82.12	12 000	15 000	0.366
佛山（2）	23.02	113.12	75 000	75.58	72.77	11 000	13 000	0.298
深圳（3）	22.38	114.05	108 000	86.29	82.12	14 000	12 000	0.361
常州（4）	31.09	119.08	117 000	100.164	95.56	14 000	13 000	0.318
宁波（5）	28.51	120.55	128 000	88.67	91.25	10 000	10 000	0.254
上海（6）	31.14	121.29	74 800	128.99	114.32	10 000	10 000	0.239
北京（7）	39.55	116.24	360 000	129.06	133.99	20 000	25 000	0.272
潍坊（8）	36.70	119.15	120 000	74.81	65.25	18 000	14 000	0.231
成都（9）	30.40	104.04	100 000	70.81	76.12	13 000	15 000	0.357
德阳（10）	31.13	104.37	90 000	64.81	66.25	10 000	10 000	0.225

表 5.4　C 企业数据中心购买服务模式的数据中心候选点参数

数据中心候选点	纬度	经度	注册费	标准计算资源	标准存储资源	计算资源从量费率	存储资源从量费率	计算资源上限	存储资源上限	安全事故发生概率
广州（1）	23.08	113.14	16 101	50	50	119.23	139.44	15 000	16 000	0.354
上海（2）	31.14	108.57	17 880	50	50	132.48	139.44	15 000	16 000	0.496
南京（3）	32.03	118.46	16 000	50	50	119.23	125.44	15 000	16 000	0.334
北京（4）	39.55	116.24	9 000	20	20	229.08	139.44	15 000	16 000	0.315
成都（5）	30.40	104.04	14 805	50	50	177.1	171.94	15 000	16 000	0.307
重庆（6）	29.59	106.54	8 000	20	20	177.29	49.8	15 000	16 000	0.343
张家口（7）	39.30	113.50	10 150	40	40	148.2	137.7	15 000	16 000	0.319
杭州（8）	30.15	120.10	12 060	50	50	180	184.63	14 000	13 000	0.324
深圳（9）	22.38	114.05	16 500	50	50	199.5	218.4	10 000	11 000	0.538
呼和浩特（10）	40.48	111.41	11 000	40	50	162	144	25 000	30 000	0.424

除表 5.1 ~ 表 5.4 所列各参数外，对数据中心建设模式选择模型中其他参数的量化确定如下。假设 C 企业所考虑的运营周期为 1 年，令运营计划周期长度 $\beta=1$。针对自营和托管模式，各数据中心候选点处资源的单位建设成本 b_{jk} 取值为 $b_{jk}=[15,10]$，资源耗电量 $h_k=[2.5,2]$，峰值消耗电量比例系数 $\alpha=0.8$，数据中心中资源配置的比例系数 $e_{lk}=\begin{bmatrix}1 & 1.5\\2 & 1\end{bmatrix}$。需求点和数据中心间的路阻系数 τ_{ij} 在区间 [15,20] 内均匀随机取得。这些参数设置借鉴了 Liang et al.（2021）等文献中结合实际情况的取值。

5.1.2 算例结果

按照第 2 章所述数据中心建设模式选择问题建模和计算，可得到 C 企业在自建自营、委托代管和购买服务等 3 种模式中各自的最优方案，以及这些方案所对应的成本。表 5.5 展示了 C 企业在这 3 种模式下各自的最优成本。

表 5.5　C 企业在各模式下建设数据中心网络的最优成本

模式	自建自营模式	托管模式	购买云服务模式
成本	2 100 634.79	2 018 398.80	1 901 039.57

由表 5.5 可见，基于所推算出的各项参数，C 企业选择购买服务模式来构建自身数据中心网络，可最为经济地满足当前的数据中心云计算需求。案例计算结果可与 C 企业在 2020 年和阿里云合作、使用阿里云提供的云服务来满足自身需求相印证。接下来的图 5.1 ~ 图 5.3 分别展示了 C 企业在自建自营、委托代管和购买服务等 3 种模式中各自的数据中心网络建设最优方案。

第5章 数据中心集群建设算例应用

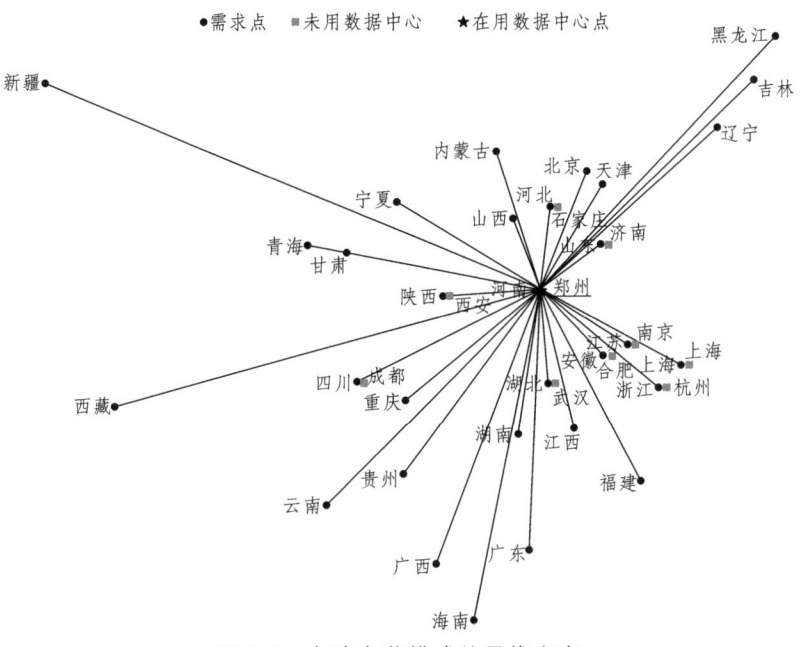

图 5.1 自建自营模式的最优方案

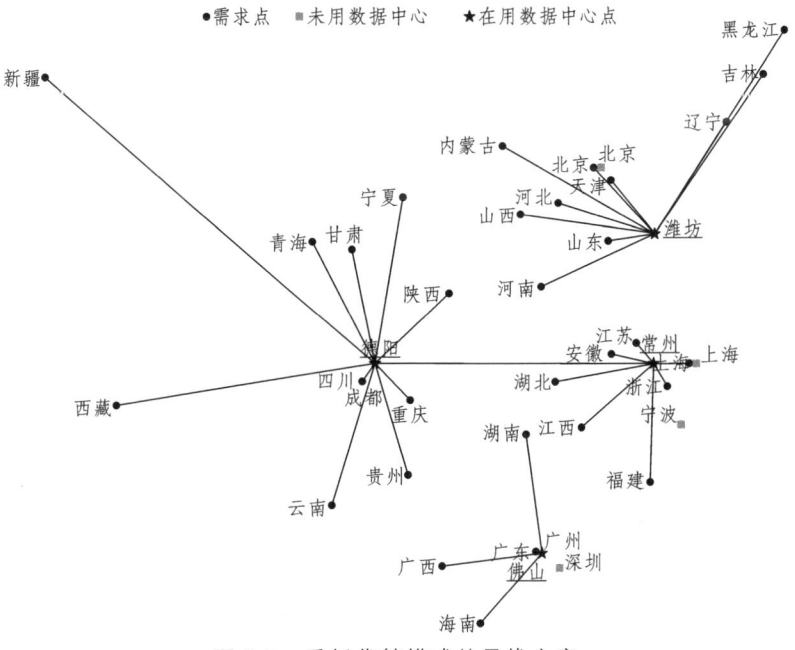

图 5.2 委托代管模式的最优方案

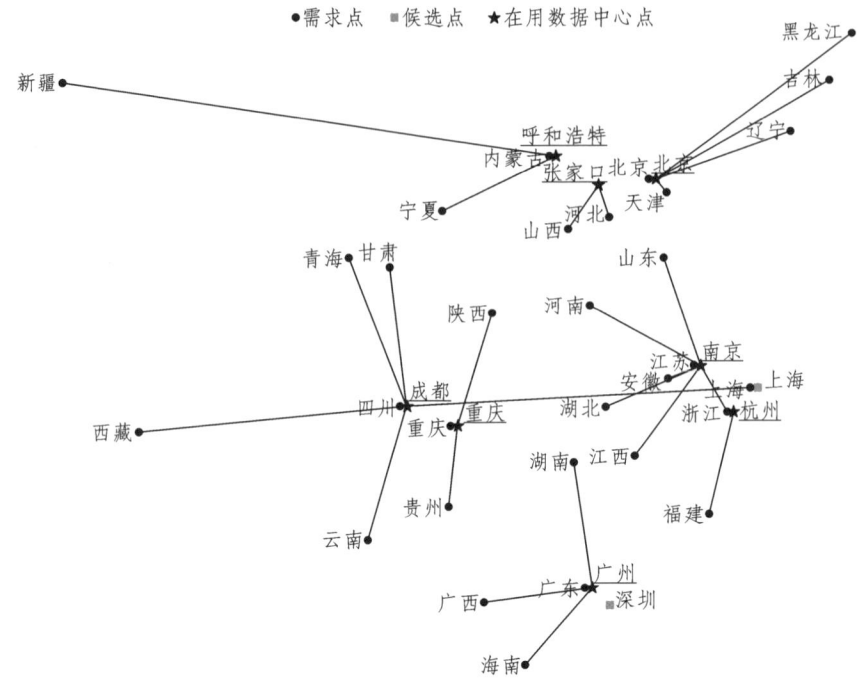

图 5.3 购买服务模式的最优方案

如图 5.1～图 5.3 所示，C 企业若采用自建自营模式，则只在河南省郑州市建立一个数据中心以处理全国所有需求；若采用委托代管模式，则将在四川、山东、江苏和广东等 4 省选择合适的托管服务提供商托管其自有算力资源、满足运力运营管理需求；若采用购买服务模式，则将开放 8 个数据中心以处理需求。数据中心网络的不同建设模式在数据中心开放数量上的差别与其固定成本有关。自建自营单一数据中心的固定建设成本非常高，而购买云服务以获取数据中心云计算能力的固定成本则相对很低，企业根据需求情况就近购买相应算力服务即可，体现了云服务灵活快捷的特点。与数据中心开放数量相对应，C 企业若采用自建自营模式，则该数据中心需要集中处理全国的运力运营管理需求，需要聚集更大、更多的算力资源，以便既满足需求又可利用规模效应；若采用委托代管或购买服务模式，则开放的数据中心数量相对较多，不必聚集更大更多的算力资源，数据中心规模往往相对较小。

图 5.1~图 5.3 中也展示了需求分配情况。C 企业若采用自建自营模式，全国的需求都被分配至唯一的数据中心进行处理；若采用委托代管或购买服务模式，则各地需求往往被就近分配至适合的数据中心。在后两种模式中，上海市作为需求点是一个引人注意的例外：当地需求被分配到位于四川省的数据中心进行处理。分析相应的数值计算结果发现，这种舍近求远的分配与上海市需求点的数据安全成本较高有关。较高的数据安全成本驱动 C 企业为减小数据中心安全事故导致的损失，而将该需求点分配至安全事故发生概率更低的数据中心处理。

5.2 成都市数据中心网络规划与全生命周期风险应对算例

本节针对第 3 章所关注的考虑中断风险的数据中心集群选址优化问题，以成都市为例，具体展示了考虑安全性和服务可靠性时，如何更经济有效地构建数据中心网络、如何确定相应的防御和应急管理决策。

5.2.1 算例背景与参数设计

成都市目前在多个产业功能区共有 14 个数据中心，总规模为 7.3 万机架，远低于北京、上海等一线城市的建设水平；拟统筹规划数据中心等新型基础设施建设，改变以运营商企业为主体自发建设的现状。该市的专项规划以"西部第一、国内领先"为目标，规划到 2035 年数据中心容量占全国总量的 10%，约 60 万机架。规划数据中心网络集群包括超大型、大型、中小型等 3 类数据中心，其中超大型和大型数据中心布局由政府规划和引导建设、中小型数据中心由企业根据自身需要灵活设置。本次规划针对超大型和大型数据中心，拟在成都市域外同城化区域统筹布局超大型数据中心，实现共建共享，并结合产业发展需求在市域内产业功能区布局大型数据中心，使之兼具支撑产业发展和综合服务功能。具体而言，计划在市域内 14 个数据中心的基础上，新增布局若干数据中心。共有 18 个候选数据中心点位，包括市域外的 4 个超大型数据中心候选点和市域内的 14 个大型数据中心候选点。图 5.4 展示了成都市数据中心候选点分布以及适宜结合的产业功能区。

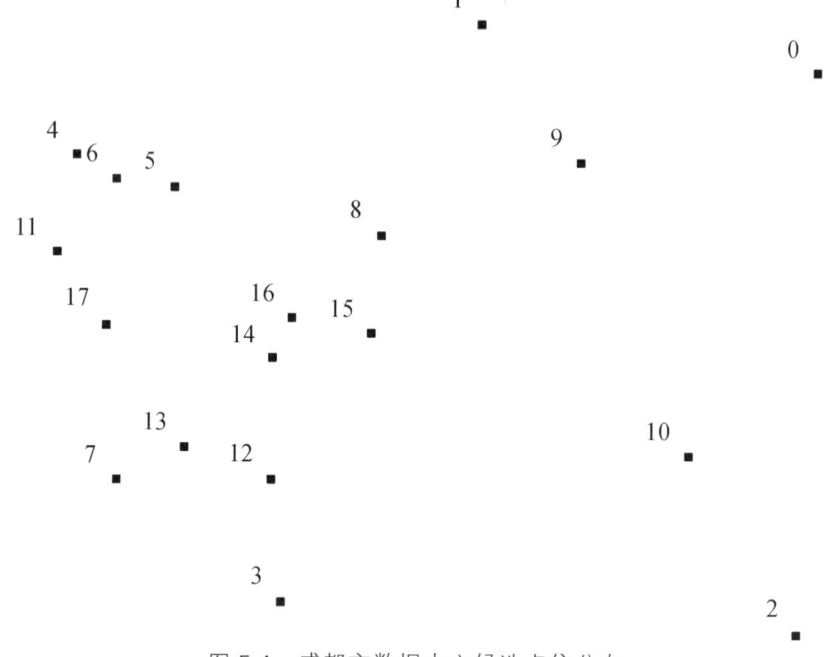

图 5.4　成都市数据中心候选点位分布

成都市对超大型和大型数据中心的布局规划考虑了中断风险的影响，其针对中断风险的应对方案包括：制定"多活"网络解决方案，即多个数据中心同时对外提供服务且彼此间保持双向复制，若某数据中心中断则剩余完好的数据中心可立即接管其业务、保证业务连续性；以分布式存储方式存储数据，即集群由大量服务器组成且分布在不同的数据中心，同一份数据存储多个副本、同一时间为多个用户服务，保证数据的可靠性、高可用性、经济性；采用精准灵活的调度策略，即实现多个数据中心间负载均衡，一旦发生故障能快速切换，保证业务的稳定性。

首先量化确定模型的数据中心候选点相关参数。

成都市新型基础设施建设专项规划已明确市域内外共 18 个数据中心建设候选点点位。考虑在超大型数据中心布置上千台机柜、大型数据中心布置上百台机柜，参考中国电信作为国内领先的运营服务提供商所提出的标准建设运维方案，即《中国电信数据中心一体化机房建设方案（2020 年版）》，结合机柜数目、工程费用、土地取得费、其余管理费等因素进行估算，得到在这 18 个点位建设数据中心的固定成本费用 f_j。

考虑到成都市采用由 0.522 4/千瓦时至 0.822 4 元/千瓦时的分档收费电价且各区县的电价标准基本一致，在区间 [0.522 4, 0.822 4] 上依均匀分布生成随机数作为各数据中心候选点处的单位电价 p_j。

参考成都市 2022 年统计年鉴的全市以及分行业用电量统计结果，在区间 [30 000, 450 000] 上依均匀分布生成随机数作为各数据中心候选点处的电力容量上限 c_j。

参考网络安全领域国际领先的研究机构波耐蒙研究所（Ponemon Institute）针对美国跨地区 265 个不同行业领域企业高管的、关于所在企业付出怎样的措施和成本来进行数据保护的调查结果，经过换算后在区间 [300 000, 36 000 000] 上依均匀分布生成随机数作为各数据中心候选点处的防御成本 β_j；类似地生成防御成本上限 $U = 1\,438\,060.88$。

参考波耐蒙研究所针对美国跨地区 49 个不同行业领域企业共 63 个数据中心的、关于数据中心年度中断事件导致的平均损失的调查结果，经过换算在区间 [485 122, 16 580 738] 上依均匀分布生成随机数作为各数据中心候选点处的修复成本 Φ_j。

将数据中心集群运营阶段时间长度规范化为 1，参考波耐蒙研究所的同一调查，在区间 [0, 0.05] 上依均匀分布生成随机数作为数据中心集群在任一种异常运营状态的期望停留时间 γ_j，且有 $\sum_{J} \gamma_j \leq 1$。

依据成都市第一次全国自然灾害综合风险普查数据，由涵盖干旱、洪涝、雪灾、地震、地质灾害、森林草原火灾等自然灾害的相关历史数据估算得到候选数据中心遭遇随机事件概率 P_j。

表 5.6 汇总展示了成都市数据中心网络规划与全生命周期风险应对算例中数据中心候选点的相关参数。

表 5.6 成都市数据中心集群建设候选点数据

序号	数据中心候选点	经度	纬度	电费上限	单位电费	固定成本	防御成本	修复成本	遭遇随机事件概率
0	德阳市凯州新城	104.62	30.89	450 000	0.52	15 505 800	20 350 35	28 669 00	0.35
1	德阳市高新区	104.28	30.95	330 000	0.65	13 576 800	25 972 69	13 864 97	0.27
2	资阳市临空经济区	104.60	30.20	240 000	0.57	12 249 000	17 045 20	36 156 39	0.40
3	眉山市视高片区	104.08	30.24	150 000	0.76	91 380 00	53 732 11	29 626 98	0.47
4	成都市现代工业港	103.87	30.79	60 000	0.53	619 200	408 727	627 725	0.58
5	成都市智能应用产业功能区	103.97	30.75	72 972	0.61	701 760	457 781	496 307	0.53
6	成都市电子信息产业功能区	103.91	30.76	72 000	0.64	495 360	505 192	533 699	0.83
7	成都市天府智能制造产业园	103.91	30.39	60 000	0.57	619 200	615 230	993 328	0.47
8	成都市龙潭新经济产业功能区	104.18	30.69	60 000	0.76	675 600	542 976	668 880	0.18
9	成都市青白江欧洲产业城	104.38	30.78	30 000	0.55	701 760	443 409	809 598	0.45

续表

序号	数据中心候选点	经度	纬度	电费上限	单位电费	固定成本	防御成本	修复成本	遭遇随机事件概率
10	成都市简阳临空经济产业园	104.49	30.42	60 000	0.65	412 800	594 996	953 330	0.38
11	成都市医学城	103.85	30.67	30 000	0.66	701 760	378 902	853 256	0.72
12	成都市科学城	104.07	30.39	40 000	0.78	743 040	625 578	896 869	0.94
13	成都市天府国际生物城	103.98	30.43	31 500	0.69	701 760	447 090	593 997	0.60
14	成都市新经济活力区	104.07	30.54	61 500	0.52	701 760	535 422	492 729	0.34
15	成都市龙泉驿汽车产业功能区	104.17	30.57	33 000	0.56	701 760	568 962	969 470	0.66
16	成都市交子公园金融商务区	104.09	30.59	60 000	0.60	412 800	657 680	704 822	0.26
17	成都市芯谷	103.90	30.58	42 000	0.70	288 960	402 212	588 104	0.39

然后量化确定模型的需求点相关参数。按照成都市行政区划确定20个需求点，依据2022年成都市统计年鉴的区（市）县相关统计数据推算需求点各参数。

参考所在行政区域的规模以上工业企业数量确定需求到达率 λ_i。考虑计算和存储两类资源，参考所在行政区域的规模以上工业企业利润水平确定各需求点处需求对计算资源的单位需求量，参考所在行政区域的5G基站数量确定各需求点处需求对存储资源的单位需求量。参考所在行政区域的GDP数据确定各需求点的单位延迟成本 θ_i。这些推算方法与 Liang et al.（2021）等文献中基于真实统计数据推算需求点参数的方法相似。

表 5.7 汇总展示了成都市数据中心网络规划与全生命周期风险应对算例中需求点的相关参数。

表 5.7 成都市数据中心集群建设需求点数据

序号	需求点	经度	纬度	需求到达率	单位计算资源需求	单位储存资源需求	单位延迟成本
0	锦江	104.08	30.67	9	2.23	10.15	126.1
1	青羊	104.05	30.68	26	3.82	10.08	145.5
2	金牛	104.11	30.76	48	2.08	17.27	147.3
3	武侯	104.05	30.65	230	17.32	16.56	341.4
4	成华	104.10	30.67	37	9.97	14.16	127.3
5	龙泉驿	104.27	30.55	388	14.41	15.84	150.4
6	青白江	104.23	30.88	252	3.17	8.94	62
7	新都	104.15	30.83	313	5.26	15.68	100
8	温江	103.83	30.70	279	3.97	11.48	68.8
9	双流	103.92	30.58	450	6.84	9.15	183.8
10	郫都	103.88	30.83	486	17.76	14.78	136.5
11	新津	104.07	30.57	195	1.93	2.92	44.4
12	简阳	104.54	30.39	124	1.32	3.50	62
13	都江堰	103.64	30.98	134	2.32	4.85	48.4
14	彭州	103.95	30.99	221	8.93	9.88	60.2
15	邛崃	103.47	30.42	162	1.18	4.20	38.6
16	崇州	103.67	30.63	249	2.71	5.80	44.3
17	金堂	104.41	30.86	213	1.44	1.50	52.4
18	大邑	103.52	30.58	180	1.55	1.03	31.7
19	蒲江	103.50	30.20	112	0.53	0.66	20.4

此外，峰谷电耗的调节系数 $\alpha=0.8$；在同一数据中心中计算与存储资源的配置数量比例上限 $r_{lk}=\begin{bmatrix}1 & 1.5\\ 2 & 1\end{bmatrix}$；单位计算与存储资源的峰值耗电量分别为 1.8 和 1.6。在区间 [15,20] 上依均匀分布生成随机数作为各数据中心候选点处的需求点到数据中心的单位网络传输延迟成本 τ_{ij}，如表 5.8 所示。

表 5.8 成都市数据中心集群建设单位网络传输延迟成本

i/j	0	1	2	3	4	5	6	7	8
0	40.77	21.30	54.63	35.17	18.06	8.40	12.64	24.20	7.22
1	41.03	26.07	58.85	41.96	14.47	9.35	12.88	24.82	8.73
2	40.91	20.57	62.50	47.41	17.28	9.44	16.26	38.90	9.06
3	104.83	78.61	110.26	78.50	45.71	25.89	28.36	57.46	21.94
4	32.91	22.69	39.72	30.63	16.37	9.48	13.96	23.35	5.00
5	42.18	34.79	44.02	29.22	34.83	24.99	31.89	30.09	15.39
6	11.62	3.33	28.21	25.61	11.24	9.84	11.95	19.12	7.31
7	23.57	8.18	40.04	37.04	15.29	9.92	13.63	27.93	8.89
8	26.64	16.83	34.89	21.55	3.59	5.15	3.41	12.00	11.80
9	65.14	47.53	65.62	41.72	23.58	19.36	21.40	17.46	26.75
10	54.92	31.62	72.11	55.98	3.34	7.82	6.81	39.41	21.64
11	13.01	11.59	14.76	7.56	6.47	5.06	6.07	5.37	4.14
12	19.90	18.64	7.85	15.74	28.33	23.94	23.09	19.67	16.49
13	26.98	15.58	28.95	22.52	8.69	9.65	8.19	20.49	14.00
14	18.42	9.93	33.71	24.20	6.66	8.16	7.14	21.73	11.46
15	25.09	17.93	24.97	13.32	10.94	11.59	11.00	9.72	17.19
16	19.71	13.96	27.00	13.75	6.46	6.89	6.32	7.68	10.65
17	5.98	4.11	19.48	20.79	15.48	11.75	12.11	16.64	8.71
18	19.25	16.75	18.41	10.93	6.16	7.93	7.60	7.01	12.03
19	13.92	12.68	12.04	5.26	7.46	7.72	6.60	4.07	9.03

续表

i/j	0	1	2	3	4	5	6	7	8
0	18.74	36.11	15.69	18.27	18.19	9.44	8.50	5.24	13.24
1	27.30	44.16	12.50	22.31	24.45	11.16	13.45	7.16	12.13
2	19.54	35.98	20.98	29.67	31.83	17.06	16.36	13.12	19.11
3	54.94	76.97	32.48	44.68	40.29	19.21	28.43	11.50	27.76
4	19.76	27.23	14.73	21.10	19.14	8.90	8.45	5.96	15.81
5	24.90	20.44	36.46	19.25	26.15	14.56	7.21	14.12	27.97
6	6.18	17.60	15.89	20.41	17.01	12.12	9.86	11.59	16.80
7	10.94	32.51	17.20	27.11	27.41	16.12	13.44	13.54	20.34
8	20.68	25.30	1.25	16.97	11.76	9.20	12.27	9.95	5.12
9	52.58	54.45	10.65	22.56	17.42	12.14	23.18	15.77	2.05
10	30.00	52.48	14.56	40.25	35.26	28.95	31.97	24.40	17.39
11	8.16	11.16	5.45	5.05	4.63	0.76	2.18	0.69	4.12
12	16.19	2.10	26.81	12.73	17.61	15.33	14.87	15.83	22.91
13	17.91	27.33	8.99	20.12	15.86	18.39	17.31	14.37	13.08
14	13.65	21.48	10.86	20.02	20.10	13.37	14.25	11.89	14.07
15	19.78	21.58	8.11	11.73	10.97	12.89	13.94	12.74	8.26
16	16.87	21.83	4.13	10.44	9.18	8.68	11.13	9.44	5.08
17	2.37	15.05	14.79	15.03	17.97	12.76	11.00	11.46	15.56
18	13.88	17.39	5.06	11.13	8.81	8.30	12.20	10.38	6.23
19	10.52	10.36	6.02	6.92	6.07	7.65	8.30	7.75	6.17

对防御结果不确定的多模中断情形,考虑完全中断、完全不中断、部分中断等合计12种情景,并假设这些情景发生的概率相等,即均为0.083 3。

在区间 $[0,1]$ 上依均匀分布生成随机数得到 10 种部分中断情景中，数据中心在防御后遭遇中断事故时所剩余资源的比例 ε_{jM_j}，如表 5.9 所示。

表 5.9　成都市数据中心集群建设部分中断时剩余资源比例

ε/j	0	1	2	3	4	5	6	7	8
ε_2	0.92	0.55	0.57	0.11	0.94	0.23	0.95	0.86	0.42
ε_3	0.64	0.42	0.92	0.93	0.68	0.86	0.17	0.78	0.68
ε_4	0.43	0.18	0.69	0.54	0.1	0.82	0.79	0.19	0.73
ε_5	0.47	0.59	0.32	0.31	0.98	0.68	0.45	0.56	0.7
ε_6	0.11	0.34	0.59	0.68	0.89	0.51	0.27	0.66	0.43
ε_7	0.14	0.76	0.66	0.68	0.34	0.1	0.64	0.27	0.27
ε_8	0.75	0.22	0.79	0.84	0.62	0.69	0.28	0.76	0.17
ε_9	0.7	0.87	0.56	0.99	0.46	0.84	0.22	0.65	0.61
ε_{10}	0.89	0.18	0.78	0.73	0.58	0.88	0.54	0.64	0.49
ε_{11}	0.5	0.69	0.9	0.9	0.64	0.14	0.28	0.87	0.97
ε/j	9	10	11	12	13	14	15	16	17
ε_2	0.24	0.38	0.17	0.2	0.67	0.13	0.74	0.89	0.36
ε_3	0.62	0.96	0.74	0.72	0.27	0.48	0.15	0.27	0.13
ε_4	0.89	0.88	0.35	0.38	0.55	0.16	0.74	0.85	0.28
ε_5	0.16	0.77	0.12	0.21	0.58	0.15	0.63	0.6	0.17
ε_6	0.79	0.21	0.16	0.14	0.51	0.7	0.78	0.74	0.91
ε_7	0.13	0.82	0.15	0.96	0.35	0.26	0.32	0.18	0.85
ε_8	0.9	0.98	0.56	0.51	0.21	0.35	0.59	0.38	0.83
ε_9	0.55	0.73	0.7	0.24	0.76	0.62	0.54	0.29	0.39
ε_{10}	0.21	0.48	0.64	0.96	0.99	0.45	0.27	0.45	0.27
ε_{11}	0.28	0.54	0.39	0.23	0.3	0.5	0.93	0.49	0.14

5.2.2 算例结果

按照第 3 章所述考虑中断风险的数据中心集群选址优化问题建模和计算，分别考虑防御结果确定的双模中断和防御结果不确定的多模中断两类问题，可得到成都市数据中心规划的两套方案。

针对防御结果确定的双模中断问题，选中表 5.6 中序号为 6 和 16 的 2 个数据中心候选点。图 5.5 展示了包括数据中心选址、需求点指派和防御决策的数据中心网络建设方案。

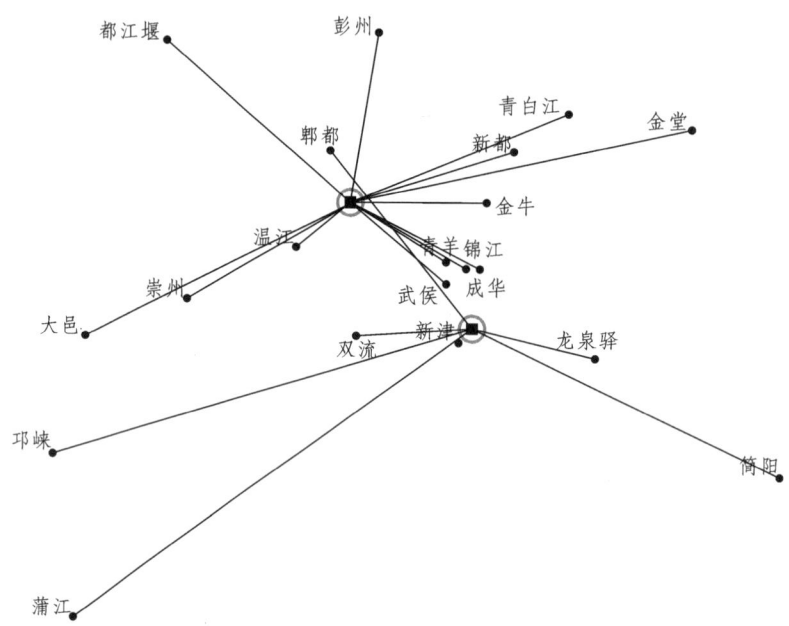

● 需求点 ■ 选中数据中心点 ○ 防御 □ 数据中心部分中断 ✗ 数据中心完全中断

图 5.5 考虑双模中断的成都市数据中心网络建设方案

如图所示，若只考虑双模中断，将对建设的 2 个数据中心均进行防御。由于假设防御后必然不中断、数据中心集群将持续处于正常运营状态，所以无须再确定应急指派方案。

针对防御结果不确定的多模中断问题，选中表 5.6 中序号为 5、8、14

和 17 的 4 个数据中心候选点。图 5.6 展示了包括数据中心选址、需求点指派和防御决策的数据中心网络建设方案。

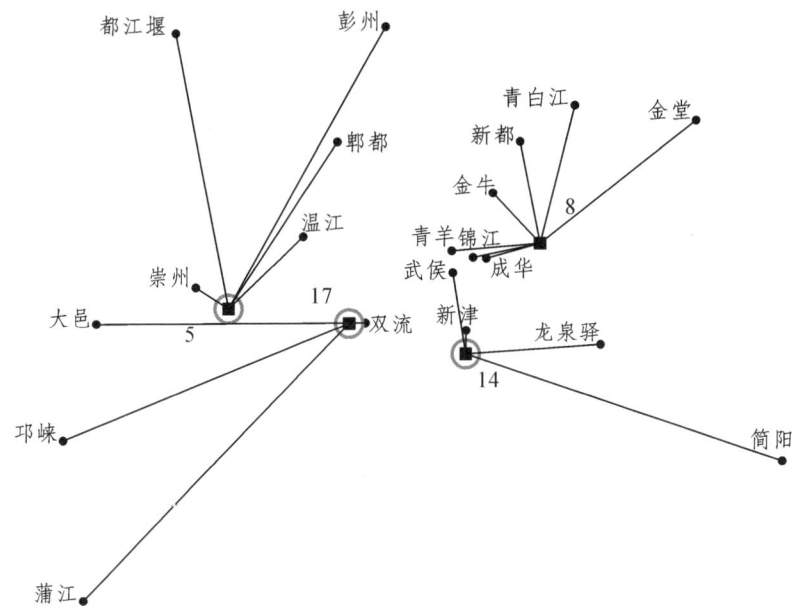

● 需求点 ■ 选中数据中心点 ○ 防御 □ 数据中心部分中断 ✕ 数据中心完全中断

图 5.6 考虑多模中断的成都市数据中心网络建设方案

如图所示，方案对序号为 5、14 和 17 的数据中心进行防御，但未对序号为 8 的数据中心进行防御。

当未进行防御的 8 号数据中心遭遇中断风险发生中断、数据中心集群处于相应的异常运营状态时，需要将事先分配给它的需求完全重新分配至其他 3 个数据中心。图 5.7 展示了此时的应急指派方案。

当已进行防御的 5、14 和 17 号数据中心中的某一个遭遇中断风险时，可能完全无法提供服务，也可能损失一定比例的资源，从而只能以受损后较低的能力提供部分服务，需要将事先分配给它的需求全部或部分重新分配至其他 3 个数据中心。图 5.8～图 5.10 分别展示了在 5、14 和 17 号数据中心各自遭遇中断风险时不同情景中的应急指派方案。

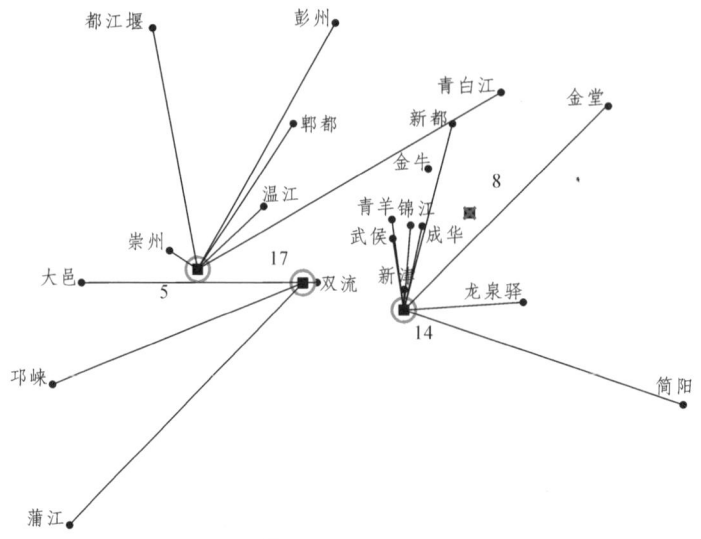

图 5.7　8 号数据中心中断时的应急指派方案

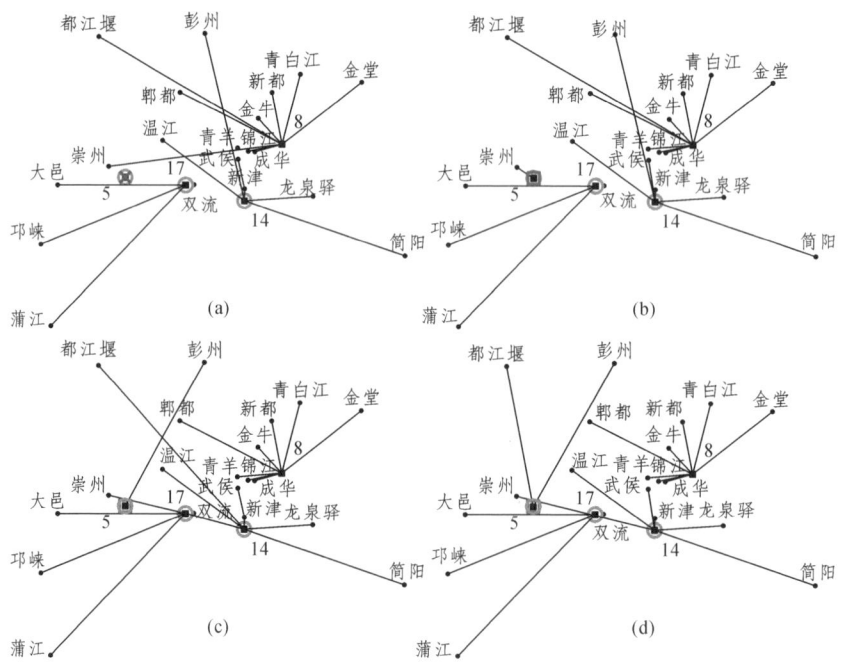

图 5.8　5 号数据中心中断时的应急指派方案

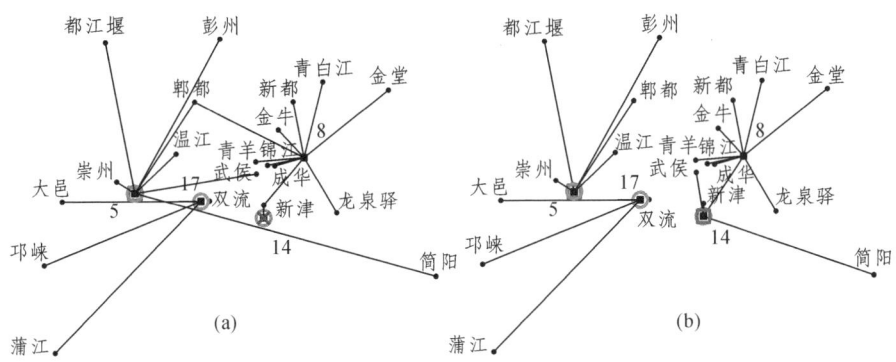

• 需求点 ■ 选中数据中心点 ○ 防御 □ 数据中心部分中断 ✕ 数据中心完全中断

图 5.9 14 号数据中心中断时的应急指派方案

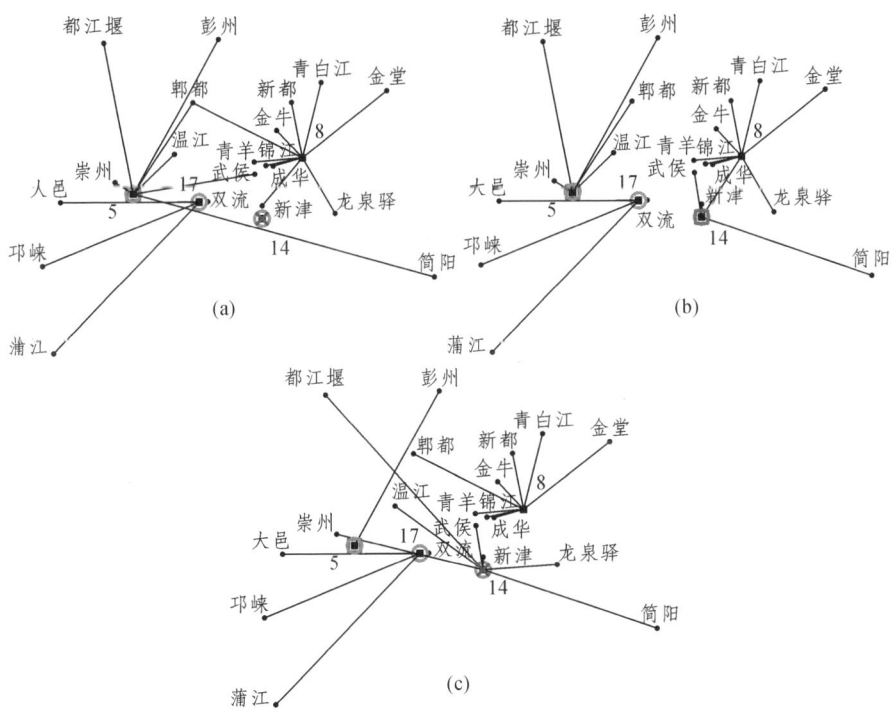

• 需求点 ■ 选中数据中心点 ○ 防御 □ 数据中心部分中断 ✕ 数据中心完全中断

图 5.10 17 号数据中心中断时的应急指派方案

如图 5.7 所示，由于未对 8 号数据中心进行防御，其在遭遇中断风险时可能完全中断，应急指派方案需要将事先分配给它的需求完全重新分配至其他 3 个数据中心。制订应急指派方案时，需要综合考虑其他 3 个数据中心的资源配置量、在已分配需求上叠加新需求导致的终端延迟增加量和从需求点到这 3 个数据中心的网络传输延迟等因素。

如图 5.8 所示，由于对 5 号数据中心进行了防御，其在遭遇中断风险时可能完全中断也可能部分中断，需要针对多种不同情景分别制定相应的应急指派方案。a 子图展示了该数据中心完全中断时的应急指派方案。b 子图和 c 子图分别展示了该数据中心发生中断事故后剩余资源所占比例为 0.1 和 0.14 时的应急指派方案，d 子图则展示了该数据中心发生中断事故后剩余资源所占比例为其他值时的应急指派方案。

如图 5.9 所示，针对 14 号数据中心发生中断事故后的应急指派方案共有 2 类，其中 a 子图展示了该数据中心完全中断时的应急指派方案而 b 子图展示了发生各类部分中断情景时的应急指派方案。

如图 5.10 所示，针对 17 号数据中心发生中断事故后的应急指派方案共有 3 类，其中 a 子图展示了该数据中心完全中断以及发生中断事故后剩余资源所占比例为 0.13、0.14 和 0.17 时的应急指派方案，b 子图展示了该数据中心发生中断事故后剩余资源所占比例为 0.27 和 0.28 时的应急指派方案，c 子图则展示了该数据中心发生中断事故后剩余资源所占比例为其他值时的应急指派方案。

图 5.8、图 5.9 和图 5.10 中各数据中心发生中断事故后剩余资源所占比例的具体数值可查阅表 5.9。

参考文献

[1] 柴天佑. 工业人工智能发展方向[J]. 自动化学报，2020，46（10）：2005-2012.

[2] 龚英，胡小琴，周愉峰，等. 考虑道路中断与伤情恶化的震后初期伤员调度鲁棒优化[J]. 工业工程与管理，2023，28（2）：175-185.

[3] 姜大立，张巍. 基于混合编码遗传算法的战时军事物流调运协同优化问题研究[J]. 军事运筹与系统工程，2018，32（1）：44-51.

[4] 李文信，齐恒，徐仁海，等. 数据中心网络流量调度的研究进展与趋势[J]. 计算机学报，2020，43（4）：600-617.

[5] 刘征驰，李慧子，马滔. 用户适应度、交易成本与云服务混合定价[J]. 系统工程理论与实践，2019，39（3）：749-765.

[6] 罗萱，叶通，金耀辉. 云计算数据中心网络研究综述[J]. 电信科学，2014，30（2）：99-104.

[7] 马祖军，周愉峰. 考虑设施中断风险和防御的分销网络选址-库存问题[J]. 系统工程，2015，33（12）：48-54.

[8] 祁兵，曹望璋，李彬，等. 考虑托管式数据中心负荷调节不确定性的区间优化模型[J]. 电网技术，2022，46（1）：39-49.

[9] 曲冲冲，王晶，何明珂. 京津冀协同应对自然灾害应急资源配置优化研究[J]. 运筹与管理，2021，30（1）：36-42.

[10] 宋艳，滕辰妹. 基于现存设施布局的设施选址：应对恐怖袭击[J]. 运筹与管理，2019，28（10）：5-12.

[11] 宋艳，滕辰妹，姜金贵. 基于改进 NSGA-Ⅱ算法的多级服务设施备用覆盖选址决策模型[J]. 运筹与管理，2019，28（1）：71-78.

[12] 孙华丽，柴丽萍，张玲，等. 震后多目标动态应急医疗设施选址-伤员转运问题研究[J]. 中国管理科学，2020，28（3）：103-112.

[13] 吴士亮，仲琴. 云计算环境下应用软件服务定价策略研究——基于两阶段垄断模型的分析[J]. 价格理论与实践，2017（8）：144-147.

[14] 项寅，王雪. 核生化袭击下有限容量反恐设施选址-分配模型[J]. 工业工程与管理，2020，25（6）：42-50.

[15] 肖文华，包卫东，朱晓敏，等. 面向多源大数据云端处理的成本最小化方法[J]. 软件学报，2017，28（3）：544-562.

[16] 闫森，齐金平. 考虑需求不确定的多级应急物流设施选址研究[J]. 运筹与管理，2022，31（9）：7-13.

[17] 叶春森，苗青，方淑玉. 基于不同定价标准的云计算服务定价机制的研究[J]. 武汉工程大学学报，2018，40（1）：103-108+118.

[18] 于冬梅，高雷阜，赵世杰. 应急设施最大时间满意度选址-分配优化模型与算法[J]. 系统工程，2018，36（2）：95-102.

[19] 于冬梅，高雷阜，赵世杰. 不确定与损毁情景下可靠性设施选址鲁棒优化模型与算法研究[J]. 系统工程理论与实践，2019，39（2）：498-508.

[20] 于冬梅，高雷阜，赵世杰. 考虑应急设施中断风险与防御的可靠性选址模型研究[J]. 运筹与管理，2020a，29（9）：53-61.

[21] 于冬梅，高雷阜，赵世杰. 中断情境下可靠性应急设施选址-分配多目标优化模型[J]. 控制与决策，2020b，35（6）：1415-1420.

[22] 原丕业，宋乃绪，万鹏，等. 考虑中断风险和转运的分销网络优化模型[J]. 工业工程，2017，20（6）：22-30.

[23] 袁泽凯，葛世伦，王念新. 基于 BSM 模型的 IaaS 云计算服务定价[J]. 计算机应用研究，2014，31（11）：3344-3348+3356.

[24] 岳冬利，刘海涛，孙傲冰. IaaS 公有云平台调度模型研究[J]. 计算机工程与设计，2011，32（6）：1889-1892+1897.

[25] 赵保国，张雅琼. 互联网用户数据安全影响因素研究——基于演化博弈模型[J]. 现代情报，2020，40（6）：106-113.

[26] 赵佳佳，郭海湘，黎金玲，等. 滑坡灾害应急避难所两阶段选址布局[J]. 系统工程，2022，40（5）：140-149.

[27] 章瑞，宋湘玲，汤兵勇. 基于两阶段收费的云计算服务定价策略研究[J]. 黑龙江大学自然科学学报，2013，30（2）：157-163.

[28] 张水平，李纪真，张凤琴，等. 基于云计算的数据中心安全体系研究与实现[J]. 计算机工程与设计，2011，32（12）：3965-3968.

[29] 郑斌，马祖军，周愉峰. 震后应急物流动态选址-联运问题的双层规划模型[J]. 系统管理学报，2017，26（2）：326-337.

[30] 中国信通院. 云计算白皮书（2024 年）[R/OL].（2024-07-23）[2024-09-06]. http：//www.caict.ac.cn/kxyj/qwfb/bps/202407/t20240723_488241.htm.

[31] 中华人民共和国住房和城乡建设部，中华人民共和国质量监督检验检疫总局. 数据中心设计规范：GB50174—2017[S]. 北京:中国计划出版社，2017.

[32] 周浩，周建勤. 考虑设施可靠性的线状需求物流节点选址研究[J]. 工业工程，2021，24（2）：148-154.

[33] 周娜，朱伟，宓为建. 考虑设施失效及客户重指派的网络选址模型及求解[J]. 上海交通大学学报，2014，48（5）：725-729.

[34] 周愉峰，陈娜，李志，等. 考虑设施中断情景的震后救援初期应急物流网络优化设计[J]. 运筹与管理，2020，29（6）：107-112.

[35] ABHISHEK V, KASH I A, KEY P. Fixed and market pricing for cloud services[C]. Proceedings of IEEE INFOCOM Workshops, Orlando, FL, USA, 2012: 157-162.

[36] ADIRI I, AVI-ITZHAK B. A time-sharing queue[J]. Management Science, 1969, 15(11): 639-657

[37] AHMADI-JAVID A, BERMAN O, HOSEINPOUR P. Location and capacity planning of facilities with general service-time distributions using conic optimization[EB/OL]. (2018-08-31)[2024-09-06]. https://arxiv.org/abs/1809.00080.

[38] AHMADI-JAVID A, HOSEINPOUR P. Service system design for managing interruption risks: a backup-service risk-mitigation strategy[J]. European Journal of Operational Research, 2019, 274(2): 417-431.

[39] AHMADI-JAVID A, RAMSHE N. Linear formulations and valid inequalities for a classic location problem with congestion: a robust optimization application[J]. Optimization Letters, 2020, 14(5): 1265-1285.

[40] AKBARI-JAFARABADI M, TAVAKKOLI-MOGHADDAM R, MAHMOODJANLOO M, et al. A tri-level r-interdiction median model for a facility location problem under imminent attack[J]. Computers & Industrial Engineering, 2017, 114: 151-165.

[41] AKSEN D, AKCA S Ş, ARAS N. A bilevel partial interdiction problem with capacitated facilities and demand outsourcing[J]. Computers & Operations Research, 2014, 41: 346-358.

[42] ALEM D, CLARK A, MORENO A. Stochastic network models for logistics planning in disaster relief[J]. European Journal of Operational

Research, 2016, 255（1）, 187-206.

[43] AMAZON. What is a private cloud[EB/OL]. [2024-09-06]. https：//aws.amazon.com/what-is/private-cloud/.

[44] ANGULO G, AHMED S, DEY S S. Improving the integer L-shaped method[J]. INFORMS Journal on Computing, 2016, 28（3）: 483-499.

[45] ARDAGNA C A, ASAL R, DAMIANI E, et al. From security to assurance in the cloud: a survey[J]. ACM Computing Surveys（CSUR）, 2015, 48（1）: 1-50.

[46] BALCIK B, BEAMON B M. Facility location in humanitarian relief[J]. International Journal of Logistics, 2008, 11（2）: 101-121.

[47] BASKETT F, CHANDY K M, MUNTZ R R, et al. Open, closed, and mixed networks of queues with different classes of customers[J]. Journal of the ACM（JACM）, 1975, 22（2）: 248-260.

[48] BERMAN O, DREZNER Z. The multiple server location problem[J]. Journal of the Operational Research Society, 2007, 58（1）: 91-99.

[49] CHAISIRI S, LEE B S, NIYATO D. Optimal virtual machine placement across multiple cloud providers[C]. 2009 IEEE Asia-Pacific Services Computing Conference（APSCC）, IEEE, 2009: 103-110.

[50] CHANG V, RAMACHANDRAN M. Towards achieving data security with the cloud computing adoption framework[J]. IEEE Transactions on services computing, 2015, 9（1）: 138-151.

[51] CHEN Z, BJÖRNSON E, LARSSON E G. Dynamic resource allocation in co-located and cell-free massive MIMO[J]. IEEE Transactions on Green Communications and Networking, 2020, 4（1）: 209-220.

[52] CHENG C, ADULYASAK Y, ROUSSEAU L. Robust facility location

[52] under demand uncertainty and facility disruptions[J].Omega, 2021, 103: 102429.

[53] CHERKASOVA L, GUPTA D, VAHDAT A. Comparison of the three CPU schedulers in Xen[J]. Performance Evaluation Review, 2007, 35(2): 42.

[54] CHUN S-H, CHOI B-S. Service models and pricing schemes for cloud computing[J]. Cluster Computing, 2014, 17: 529–535.

[55] CUI T, OUYANG Y, SHEN Z J M. Reliable facility location design under the risk of disruptions[J]. Operations Research, 2010, 58(4-part-1): 998-1011

[56] CURRENT J, RATICK S, REVELLE C. Dynamic facility location when the total number of facilities is uncertain: a decision analysis approach[J]. European Journal of Operational Research, 1998, 110(3): 597-609.

[57] DASKIN M S. Network and discrete location: models, algorithms, and applications[M]. Ann Arbor, MI, USA: John Wiley & Sons, 2011.

[58] DIMITRI N. Pricing cloud IaaS computing services[J]. Journal of Cloud Computing, 2020, 9(1): 1-11.

[59] EL KIHAL S, SCHLERETH C, SKIERA B. Price comparison for infrastructure-as-a-service[C]. European Conference on Information Systems, 2012, 161: 1-12.

[60] FAIZ T I, NOOR-E-ALAM M. Data center supply chain configuration design: a two-stage decision approach[J]. Socio-Economic Planning Sciences, 2019, 66: 119-135.

[61] GAO S, MENG W. Cloud-based services and customer satisfaction in

the small and medium-sized businesses(SMBs)[J]. Kybernetes, 2022, 51（6）: 1991-2007.

[62] GHAFFARINASAB N, ATAYI R. An implicit enumeration algorithm for the hub interdiction median problem with fortification[J]. European Journal of Operational Research, 2018, 267（1）: 23-39.

[63] GHAFFARINASAB N, MOTALLEBZADEH A. Hub interdiction problem variants: models and metaheuristic solution algorithms[J]. European Journal of Operational Research, 2018, 267（2）: 496-512.

[64] GRASS E, FISCHER K. Two-stage stochastic programming in disaster management: a literature survey[J]. Surveys in Operations Research and Management Science, 2016, 21（2）: 85-100.

[65] GREENBERG A, HAMILTON J, MALTZ D A, et al. The cost of a cloud: research problems in data center networks[J]. ACM SIGCOMM Computer Communication Review, 2009, 39（1）: 68–73.

[66] GULATI A, AHMAD I, WALDSPURGER C A. Parda: proportional allocation of resources for distributed storage access[C]. USENIX Conference on File and Storage Technologies. 2009, 9: 85-98.

[67] GUO Y, PAN M, GONG Y, et al. Dynamic multi-tenant coordination for sustainable colocation data centers[J]. IEEE Transactions on Cloud Computing, 2017a, 7（3）: 733-743.

[68] GUO Y, LI H, PAN M. Colocation data center demand response using sash bargaining theory[J]. IEEE Transactions on Smart Grid, 2017b, 9（5）: 4017-4026.

[69] HAN J, ZHANG J, ZENG B, et al. Optimizing dynamic facility location-allocation for agricultural machinery maintenance using

Benders decomposition[J]. Omega, 2021, 105: 102498.

[70] HEILIG L, LALLA-RUIZ E, VOB S. Modeling and solving cloud service purchasing in multi-cloud environments[J]. Expert Systems with Applications, 2020, 147 (1): 113165.

[71] HOSEINPOUR P. Improving service quality in a congested network with random breakdowns[J]. Computers & Industrial Engineering, 2021, 157: 107226.

[72] HOSSEINZADEH M, HAMA H K, GHAFOUR M Y, et al. Service selection using multi-criteria decision making: a comprehensive overview[J]. Journal of Network and Systems Management, 2022a, 28 (4): 1639-1693.

[73] HOSSEINZADEH M, THO Q T, ALI S, et al. A hybrid service selection and composition model for cloud-edge computing in the internet of things[J]. IEEE Access, 2022b, 8: 85939-85949.

[74] HOU W, HE Q C, SHEN Z J M. Decentralized scheduling in edge computing Paradigms: end-to-end decision analytics and the price of anarchy[EB/OL]. (2023-02-27) [2024-09-06]. https://ssrn.com/abstract=4366544.

[75] HUANG J, KAUFFMAN R J, MA D. Pricing strategy for cloud computing: a damaged services perspective[J]. Decision Support Systems, 2015, 78: 80-92.

[76] IYOOB I, ZARIFOGLU E, DIEKER A B. Cloud computing operations research[J]. Service Science, 2013, 5 (2): 88-101.

[77] JAISWAL C, KUMAR V. IGOD: Identification of geolocation of cloud datacenters[J]. Journal of Information Security and Applications, 2016, 27: 85-102.

[78] JAVAID M A. Proposed pricing model for cloud computing[J]. Computer Science and Information Technology, 2014, 2(4): 211-218.

[79] JIANG J, LIU X. Multi-objective stackelberg game model for water supply networks against interdictions with incomplete information[J]. European Journal of Operational Research, 2018, 266(3): 920-933.

[80] JIN H, YAO X, CHEN Y. Correlation-aware QoS modeling and manufacturing cloud service composition[J]. Journal of Intelligent Manufacturing, 2017, 28(8): 1947-1960.

[81] JULA A, OTHMAN Z, SUNDARARAJAN E. Imperialist competitive algorithm with PROCLUS classifier for service time optimization in cloud computing service composition[J]. Expert Systems with Applications, 2015, 42(1): 135-145.

[82] JUNG J, CHOW J Y J, JAYAKRISHNAN R, et al. Stochastic dynamic itinerary interception refueling location problem with queue delay for electric taxi charging stations[J]. Transportation Research Part C: Emerging Technologies, 2014, 40: 123-142.

[83] KESKIN T, TASKIN N. A pricing model for cloud computing service[N]. 47th Hawaii International Conference on System Sciences, Waikoloa, HI, USA, 2014: 699-707.

[84] LAPORTE G, LOUVEAUX F V. The integer L-shaped method for stochastic integer programs with complete recourse[J]. Operations Research Letters, 1993, 13(3): 133-142.

[85] LEI X, SHEN S, SONG Y. Stochastic maximum flow interdiction problems under heterogeneous risk preferences[J]. Computers & Operations Research, 2018, 90: 97-109.

[86]　Li H, Liu J, Tang G. A pricing algorithm for cloud computing resources[C]. 2011 International Conference on Network Computing and Information Security, Guilin, China, 2011: 69-73.

[87]　LI Z, ZHANG H, O'BRIEN L, et al. On evaluating commercial cloud services: a systematic review[J]. Journal of Systems and Software, 2013, 86(9): 2371-2393.

[88]　LIANG Y, LU M, SHEN Z J M, et al. Data center network design for Internet-related services and cloud computing[J]. Production and Operations Management, 2021, 30(7): 2077-2101.

[89]　LIU Y, WANG T. Quality factors and performance outcome of cloud-based marketing system[J]. Kybernetes, 2022, 51(1): 485-503.

[90]　LIU Y, LIANG C, WU J, et al. A group consensus decision-making method for cloud services selection with knowledge deficit by trust functions[J]. Kybernetes, 2024, 53(1): 337-357.

[91]　MA D, HUANG J. The pricing model of cloud computing services[C]. Proceedings of the 14th Annual International Conference on Electronic Commerce, 2012: 263-269.

[92]　MAHMOODJANLOO M, PARVASI S P, RAMEZANIAN R. A tri-level covering fortification model for facility protection against disturbance in r-interdiction median problem[J]. Computers & Industrial Engineering, 2016, 102: 219-232.

[93]　MAKHLOUF R. Cloudy transaction costs: a dive into cloud computing economics[J]. Journal of Cloud Computing, 2020, 9(1): 1-11.

[94]　MALIKI F, SOUIER M, DAHANE M, et al. A multi-objective optimization model for a multi-period mobile facility location problem

with environmental and disruption considerations[J]. Annals of Operations Research, 2022: 1-26.

[95] MARTENS B, TEUTEBERG F. Decision-making in cloud computing environments: a cost and risk based approach[J]. Information Systems Frontiers, 2012, 14(4): 871-893.

[96] METE H O, ZABINSKY Z B. Stochastic optimization of medical supply location and distribution in disaster management[J]. International Journal of Production Economics, 2010, 126(1): 76-84.

[97] MORENO A, ALEM D, FERREIRA D, et al. An effective two-stage stochastic multi-trip location-transportation model with social concerns in relief supply chains[J]. European Journal of Operational Research, 2018, 269(3): 1050-1071.

[98] MOURATIDIS H, ISLAM S, KALLONIATIS C, et al. A framework to support selection of cloud providers based on security and privacy requirements[J]. Journal of Systems and Software, 2013, 86(9): 2276-2293.

[99] MÜHLENBEIN H, SCHLIERKAMP-VOOSEN D. Predictive models for the breeder genetic algorithm I. continuous parameter optimization[J]. Evolutionary Computation, 1993, 1(1): 25-49.

[100] PARAST F K, SINDHAV C, NIKAM S, et al. Cloud computing security: a survey of service-based models[J]. Computers & Security, 2022, 114: 102580.

[101] PAREKH A K, GALLAGER R G. A generalized processor sharing approach to flow control in integrated services networks: the single-

node case[J]. IEEE/ACM Transactions on Networking, 1993, 1 (3): 344-357.

[102] PAUL J A, MACDONALD L. Location and capacity allocations decisions to mitigate the impacts of unexpected disasters[J]. European Journal of Operational Research, 2016, 251 (1): 252-263.

[103] PAUL J A, ZHANG M. Supply location and transportation planning for hurricanes: a two-stage stochastic programming framework[J]. European Journal of Operational Research, 2019, 274 (1): 108-125.

[104] PONEMON INSTITUTE, 2016 Cost of Data Center Outages[R/OL]. (2016-01-19) [2024-06-01]. https://www.ponemon.org/research/ponemon-library/security/2016-cost-of-data-center-outages.html

[105] RAHIMI M, JAFARI NAVIMIPOUR N, HOSSEINZADEH M, et al. Toward the efficient service selection approaches in cloud computing[J]. Kybernetes, 2022, 51 (4): 1388-1412.

[106] RAMCHAND K, CHHETRI M B, KOWALCZYK R. Towards a flexible cloud architectural decision framework for diverse application architectures[C/OL]. ACIS Proceedings(25), 2017, [2024-09-06]. https://aisel.aisnet.org/acis2017/25.

[107] RAWLS C G, TURNQUIST M A. Pre-positioning of emergency supplies for disaster response[J]. Transportation Research Part B: Methodological, 2010, 44 (4): 521-534.

[108] ROBOREDO M C, AIZEMBERG L, PESSOA A A. An exact approach for the r-interdiction covering problem with fortification[J]. Central European Journal of Operations Research, 2019, 27: 111-131.

[109] RODRIGUES T G, SUTO K, NISHIYAMA H, et al. Hybrid method

for minimizing service delay in edge cloud computing through VM migration and transmission power control[J]. IEEE Transactions on Computers, 2016, 66(5): 810-819.

[110] ROHITRATANA J, ALTMANN J. Agent-based simulations of the software market under different pricing schemes for software-as-a-service and perpetual software[C]//ALTMANN J, RANA O F. (EDS) Economics of Grids, Clouds, Systems, and Services. GECON 2010. Lecture Notes in Computer Science, 6296. Springer, Berlin, Heidelberg.

[111] ROHITRATANA J, ALTMANN J. Impact of pricing schemes on a market for software-as-a-service and perpetual software[J]. Future Generation Computer Systems, 2012, 28(8), 1328-1339.

[112] SADEGHI S, SEIFI A, AZIZI E. Trilevel shortest path network interdiction with partial fortification[J]. Computers & Industrial Engineering, 2017, 106: 400-411.

[113] SALMERÓN J, APTE A. Stochastic optimization for natural disaster asset prepositioning[J]. Production and operations management, 2010, 19(5): 561-574.

[114] SANCI E, DASKIN M S. An integer L-shaped algorithm for the integrated location and network restoration problem in disaster relief[J]. Transportation Research Part B: Methodological, 2021, 145: 152-184.

[115] SENYO P K, ADDAE E, BOATENG R. Cloud computing research: a review of research themes, frameworks, methods and future research directions[J]. International Journal of Information Management, 2018, 38(1): 128-139.

[116] SHIRVANI M H. To move or not to move: an iterative four-phase cloud

adoption decision model for IT outsourcing based on TCO[J]. Journal of Soft Computing and Information Technology, 2020, 9(1): 7-17.

[117] SHIRVANI M H, AMIN G R, BABAEIKIADEHI S. A decision framework for cloud migration: a hybrid approach[J]. IET Software, 2022, 16(6): 603-629.

[118] SHIRVANI M H, RAHMANI A M, SAHAFI A. An iterative mathematical decision model for cloud migration: a cost and security risk approach[J]. Software: Practice and Experience, 2018, 48(3): 449-485.

[119] SNYDER L V. Facility location under uncertainty: a review[J]. IIE transactions, 2006, 38(7): 547-564.

[120] SNYDER L V, DASKIN M S. Reliability models for facility location: the expected failure cost case[J]. Transportation Science, 2005, 39(3): 400-416.

[121] SUN L, DONG H, HUSSAIN F K, et al. Cloud service selection: state-of-the-art and future research directions[J]. Journal of Network and Computer Applications, 2014, 45: 134-150.

[122] THAKUR N, SINGH A, SANGAL A L. Cloud services selection: a systematic review and future research directions[J]. Computer Science Review, 2022, 46(100514).

[123] UZAMAN S K, SHUJA J, MAQSOOD T, et al. A systems overview of commercial data centers: initial energy and cost analysis[J]. International Journal of Information Technology and Web Engineering (IJITWE), 2019, 14(1): 42-65.

[124] WANG J, SU K, WU Y. The reliable facility location problem under

random disruptions[J]. Wireless Personal Communications, 2018, 102: 2483-2497.

[125] WANG S, LIU Z, SUN Q, et al. Towards an accurate evaluation of quality of cloud service in service-oriented cloud computing[J]. Journal of Intelligent Manufacturing, 2014, 25 (2): 283-291.

[126] YI B, WANG X, HUANG M, et al. Cost and security-aware resource allocation in optical data center networks[J]. IEEE Communications Letters, 2019, 23 (11): 2031-2035.

[127] XIANG Y, WEI H. Joint optimizing network interdiction and emergency facility location in terrorist attacks[J]. Computers & Industrial Engineering, 2020, 144: 106480.

[128] ZARRINPOOR N, FALLAHNEZHAD M S, PISHVAEE M S. The design of a reliable and robust hierarchical health service network using an accelerated Benders decomposition algorithm[J]. European Journal of Operational Research, 2018, 265 (3): 1013-1032.

[129] ZHUANG H, GHOUCHANI B E. Virtual machine placement mechanisms in the cloud environments: a systematic review[J]. Kybernetes, 2021, 50 (2): 333-368.